镍基／碳复合物的制备及其电催化性能研究

NIEJI/TANFUHEWU DE
ZHIBEI JI QI DIANCUIHUA XINGNENG YANJIU

武 娜 著

黑龙江大学出版社
HEILONGJIANG UNIVERSITY PRESS
哈尔滨

图书在版编目（CIP）数据

镍基／碳复合物的制备及其电催化性能研究 ／ 武娜著
. -- 哈尔滨 ： 黑龙江大学出版社，2022.6
ISBN 978-7-5686-0833-6

Ⅰ．①镍… Ⅱ．①武… Ⅲ．①镍－复合物－制备②碳
－复合物－制备 Ⅳ．① O614.81 ② O613.71

中国版本图书馆 CIP 数据核字（2022）第 111640 号

镍基／碳复合物的制备及其电催化性能研究
NIEJI/TANFUHEWU DE ZHIBEI JI QI DIANCUIHUA XINGNENG YANJIU
武　娜　著

责任编辑　于晓菁
出版发行　黑龙江大学出版社
地　　址　哈尔滨市南岗区学府三道街 36 号
印　　刷　北京亚吉飞数码科技有限公司
开　　本　720 毫米 ×1000 毫米　1/16
印　　张　10.5
字　　数　166 千
版　　次　2023 年 4 月第 1 版
印　　次　2023 年 4 月第 1 次印刷
书　　号　ISBN 978-7-5686-0833-6
定　　价　105.00 元

本书如有印装错误请与本社联系更换。

前　言

　　燃料电池是一种将化学能转变为电能的能源转换装置，具有效率高、污染小等优点，能有效缓解传统化石燃料引起的能源危机和环境污染问题。直接甲醇（CH_3OH）燃料电池（DMFC）和直接尿素[$CO(NH_2)_2$]燃料电池（DUFC）因燃料来源丰富、价格低廉、运输及存储方便而得到了广泛的关注。这两种燃料电池的阳极反应均为6电子转移过程，动力学过程相对缓慢，需要借助催化剂来提高其反应速率。目前，阳极催化剂大多使用贵金属基催化剂，但因其原料稀缺且成本高而阻碍了DMFC和DUFC的商业化应用，因此开发一种廉价、活性高、稳定性良好的非贵金属基催化剂是十分必要的。其中，镍基催化剂对于甲醇氧化反应（MOR）和尿素氧化反应（UOR）均有较高的活性，但是镍基催化剂自身的导电性差、比表面积小，因此通常将其负载于导电性好和比表面积大的基底上制备成复合材料。

　　本书采用浸渍法和水热法将氯化镍（$NiCl_2$）或氢氧化镍[$Ni(OH)_2$]负载于聚苯胺-聚乙烯醇（PPH）或聚3，4-乙烯二氧噻吩-聚乙烯醇（PPSH）导电高分子水凝胶（含N原子或S原子）载体上，形成$NiCl_2$@PPH、$Ni(OH)_2$@PPH和$NiCl_2$@PPSH等前驱体，在氮气（N_2）气氛中、不同温度下热解后制备出镍纳米晶、镍纳米晶/氧化镍均匀分布在氮掺杂或硫掺杂的碳基质上的复合物，即Ni/N-C、Ni/NiO-N-C、Ni/S-C复合物。本书对这些复合物进行了一系列结构表征，所采用的方法包括热重分析（TGA）、X射线衍射（XRD）分析、扫描电子显微镜（SEM）分析、透射电子显微镜（TEM）分析、拉曼（Raman）光谱分析和X射线光电子能谱（XPS）分析，然后将复合物作为MOR和UOR的电催化剂，经过一系列电化学测试［循环伏安法（CV）、计时电流法（CA）和电化学阻抗测试］研究了它们的电催化性能。本书的主要研究内容和结果如下：

（1）将PPH浸泡于不同浓度的$NiCl_2$溶液中数小时，经冷冻干燥后得到$NiCl_2$@PPH，在N_2气氛中、不同热解温度下制备Ni/N–C复合物，即活性组分镍纳米晶嵌入氮掺杂碳基质的催化剂。本书考察了不同制备条件（如$NiCl_2$溶液浓度、浸泡时间和热解温度）对催化剂电化学性能［电催化氧化CH_3OH、$CO(NH_2)_2$性能］的影响，并对制备的催化剂进行了一系列结构、形貌表征，分析催化剂结构与性质之间的关系。结果表明，PPH在5 mol·L^{-1}的$NiCl_2$溶液中浸泡18 h后在N_2气氛中500 ℃热解（最优条件）制得的Ni/N–C@500催化剂具有最好的催化活性，在0.6 V（vs. SCE）的电压下，其氧化CH_3OH的电流密度为146.7 mA·cm^{-2}，氧化$CO(NH_2)_2$的电流密度为192.7 mA·cm^{-2}。对于MOR和UOR，经过500次和1000次循环伏安测试，其电流密度保留率分别为87.1%和79.0%。此外，在CO中毒实验中，Ni/N–C@500催化剂对MOR电流密度的保留率为初始值的85%，证明该催化剂对于CH_3OH、$CO(NH_2)_2$有优异的电催化氧化活性、稳定性和较好的抗CO中毒性，这主要归因于氮掺杂碳基底在提高复合物导电性的同时保护了催化活性物质——镍纳米晶。

（2）将PPH置于15 mL含有1 mmol·L^{-1} $NiCl_2$溶液和6 mmol·L^{-1} $CO(NH_2)_2$溶液的高温反应釜中，采用水热法在一定温度下恒温反应2 h，自然冷却后经冷冻干燥得到Ni(OH)$_2$@PPH，在N_2气氛中、不同热解温度下制备Ni/NiO–N–C复合物，即活性组分镍纳米晶/氧化镍嵌入氮掺杂碳基质的催化剂。本书系统地考察了不同制备条件（如热解温度）对催化剂电化学性能［电催化氧化CH_3OH、$CO(NH_2)_2$性能］的影响，并对制备的催化剂进行了一系列结构、形貌表征，分析催化剂结构与性质之间的关系。结果表明，PPH在80 ℃下恒温反应18 h，经冷冻干燥后，在N_2气氛中500 ℃热解（最优条件）制得的Ni/NiO-N-C-500催化剂具有最高的催化活性。在0.8 V（vs. SCE）的电压下，其氧化CH_3OH的电流密度为178.1 $mA \cdot cm^{-2}$，氧化$CO(NH_2)_2$的电流密度为301 $mA \cdot cm^{-2}$。经过12 h的i-t测试，其在CH_3OH和$CO(NH_2)_2$电解液中的电流保留率分别为74%和76%。其在CH_3OH和$CO(NH_2)_2$中1000次循环伏安测试前、后的接触电阻分别由1.51 $\Omega \cdot cm^2$、1.35 $\Omega \cdot cm^2$增大到1.69 $\Omega \cdot cm^2$、1.39 $\Omega \cdot cm^2$。以上结果表明该催化剂对于CH_3OH、$CO(NH_2)_2$有优异的电催化氧化活性和稳定性，这主要归因于活性物质Ni和NiO之间的协同效应，氮掺杂基底不仅能够调节催化剂中的电子结构，而且能够促进电子运输。

（3）将PPSH浸泡于一定浓度的$NiCl_2$溶液中数小时，经过冷冻干燥后得到$NiCl_2$@PPSH，在N_2气氛中、不同热解温度下制备Ni/S-C复合物，即活性组分镍纳米晶嵌入硫掺杂碳基质的催化剂。本书系统地考察了不同制备条件（如$NiCl_2$溶液浓度、浸泡时间和热解温度）对催化剂电化学性能［电催化氧化CH_3OH、$CO(NH_2)_2$性能］的影响，并对制备的催化剂进行了一系列结构、形貌表征，分析催化剂结构与性质之间的关系。结果表明，PPSH在3 $mol \cdot L^{-1}$的$NiCl_2$溶液中浸泡18 h，在N_2气氛中500 ℃下热解制得具有最高催化活性的Ni/S-C复合物。在0.8 V（vs. SCE）的电压下，其氧化CH_3OH的电流密度为213.4 $mA \cdot cm^{-2}$，氧化$CO(NH_2)_2$的电流密度为326.0 $mA \cdot cm^{-2}$。经过12 h的i-t测试，其在CH_3OH和$CO(NH_2)_2$电解液中的电流密度保留率分别为67%、80%。以上结果表明该催化剂对于MOR和UOR有优异的催化活性与稳定性，这主要是因为：一方面，根据X射线光电子能谱分析数据可知，硫掺杂的碳基质能够固定具有催化活性的Ni（Ⅲ）；另一方面，复合物具有多孔层状结构且含有导电性良好的Ni_3S_2，促进催化反应过程中的质量传递和电荷传递。

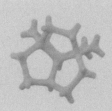

目　录

绪 论

1.1 研究背景及意义

随着经济和社会的迅猛发展，人类对能源的需求量与日俱增。传统化石燃料（天然气、煤炭和石油）是目前普遍使用的能源，其储量有限且不可再生，其生产及使用过程中产生的排放物也会对环境造成一定的危害（如臭氧层被破坏、植被覆盖率降低、形成酸雨等）。因此，人类需要加速推进全球能源转型，开发绿色、可持续新能源。

作为能源转换装置之一的燃料电池，可将燃料中的化学能跳过热机转换步骤直接转换为电能。其不受卡诺循环能量转换效率的限制，因此具有能量利用率较高、有害污染物排放量少、可选用的燃料丰富多样等优点。大力发展燃料电池技术，建立以燃料电池为主的发电体系，并将其广泛地应用在生活中，可以推动全球能源变革，建立可持续发展的绿色能源消费模式，这也是人类应对经济发展带来的能源危机和环境问题的有效方法之一。

1.2 燃料电池

通过电化学反应，燃料电池可以直接将化学能（存储于燃料和氧化剂中）转变成电能。从理论层面来讲，若燃料电池中的燃料和氧化剂可以得到不间断的供给，那么它便可以持续对外提供电能。燃料电池有以下特点：

（1）燃料电池不受卡诺循环的限制，能量转换效率可高达80%（理论上），然而受各种条件限制，在实际应用中，燃料电池的能量转换效率一般为40%～60%。

（2）燃料电池具有环境友好性。与火力发电相比，燃料电池运行时属于静置发电，没有机械的转动，几乎不存在噪声污染；对于以醇类为燃料的燃料电池而言，水（H_2O）和二氧化碳（CO_2）是其最终产物，其中CO_2的排放量仅为内燃机的60%；氢氧燃料电池的最终产物是H_2O，几乎没有含N、含S氧化物及粉尘等的排放。

（3）燃料电池可选择的燃料范围广。燃料电池中的燃料可以选用能发生电化学氧化反应的物质，如氢气（H_2）、CH_3OH、乙醇（CH_3CH_2OH）、CO（NH_2）$_2$和甲酸（$HCOOH$）等；氧化剂可以选用能够发生电化学还原反应的物质，如空气、氧气（O_2）和双氧水（H_2O_2）等。

（4）燃料电池结构简单，使用方便。许多单电池组装成电池模块后可以进一步组装成燃料电池。燃料电池的这种组装式结构可以保证

其在负载发生变化的情况下快速响应并保持相对稳定的能量转化效率，一方面可以实现分区的、分散性供电，另一方面可以满足集中供电需求。

依据不同的标准可对目前市场上存在的燃料电池进行分类，例如依据操作温度分类，可将燃料电池分为低温型（低于250 ℃）、中温型（250～750 ℃）、高温型（高于750 ℃）燃料电池。其中普遍采用的是依据电解质的类型进行分类，如表1-1所示，各类燃料电池在操作温度、应用领域等方面各不相同。

表1-1　燃料电池的分类

电池种类	电解质	操作温度/℃	应用领域
碱性燃料电池（AFC）	KOH溶液	60～220	航空航天
熔融碳酸盐燃料电池（MCFC）	$Li_2CO_3+K_2CO_3$	600～700	热电联产
固体氧化物燃料电池（SOFC）	ZrO_2	800～1000	热电联产
磷酸燃料电池（PAFC）	浓H_3PO_4	100～220	供电
质子交换膜燃料电池（PEMFC）	质子交换膜	60～100	供电、汽车

其中，AFC采用KOH溶液作为电解液，对空气中的CO_2较为敏感，CO_2容易与KOH溶液发生反应生成K_2CO_3，从而缩短电池的使用寿命。目前AFC主要应用于航天器等太空设备。MCFC的操作温度为600~700 ℃，这种电池反应产生的余热可回收利用，从而节约能源，其发电能力可高达250~2000 kW。然而，由于在高温运行时伴随熔融碳酸盐的腐蚀及密封不严等问题，因此MCFC的发展受到了限制。SOFC的操作温度为800~1000 ℃，也属于高温燃料电池。SOFC的电解质可以选用固体氧化物，电池本身为全固态结构，并对多种燃料气体有适应性，主要应用于热电联产和联合循环系统。SOFC的广泛应用得益于其全固态结构以及效率高、燃料气体适用范围广和污染小。SOFC也存在一些问题，如产生热机械应力、电极易烧结和升温缓慢

等，这妨碍了其大规模商业应用。PAFC采用浓H_3PO_4作为电解质，发电效率为40%~70%，其操作温度为100~220 ℃，具有电解质挥发度低、构造简单且性能稳定等优点，目前主要为一些发电能力为0.2~20 MW的小型电站供电。PEMFC是目前在运输领域中应用得最多的燃料电池。这种电池操作简便，运行温度低，可快速启动，具有较高的发电效率和功率密度，特别适用于做汽车动力电池。但是PEMFC价格比较高，较差的经济实用性阻碍了其大规模发展。

随着人类生活水平的逐渐提高，基本的衣、食、住、行等生活需求得以满足后，人类开始逐渐重视能源供给、能源结构以及环境污染等问题。针对燃料电池的研究，日本、欧美等发达国家非常重视并投入充足的科研经费。中国在燃料电池领域的研究起步虽晚，但是也紧跟国际步伐，投入许多人力、物力参与其中。目前，我国燃料电池只在航天、军事等军工领域得到了广泛的应用，尚未达到大规模的民用化，因此依旧需要在燃料电池领域继续探索，研发出低成本、高性能的燃料电池。

1.3 DMFC的研究进展

1.3.1 DMFC的特点及工作原理

常温下呈液态的醇类小分子来源丰富、价格低廉，相较于最常用作燃料的H_2而言，其在储存和运输方面都比较方便，而且其能量密度也较高。醇类氧化时会涉及C—C键的断裂，进而氧化为CO_2，通常这一步反应会比较困难。在众多含有多个碳原子的小分子醇类（如CH_3OH、CH_3CH_2OH、C_3H_8O等）中，结构最简单的是CH_3OH，CH_3OH完全氧化时不需断开C—C键。从这个层面来说，CH_3OH的氧化过程相较于其他多碳醇类更容易，而且CH_3OH作为一种重要的工业原料可以由水煤气或天然气合成，因此我们在众多醇类小分子中选择CH_3OH为代表，探究其电催化氧化性能。

直接使用具有较高能量密度的液体燃料——CH_3OH作为燃料，不需任何重整过程的PEMFC可称为DMFC。液态的CH_3OH相较于气态的H_2更便于储存和运输，且来源广、价格低廉、燃料补给方便，因此DMFC获得了广大科研工作者的青睐，同时也成为各国政府优先大力发展的新技术之一。

如图1-1所示，DMFC主要由电池外壳、硅胶垫圈、阴极及阳极集流板和膜电极等组成。膜电极是位于DMFC单电池中心的部件，也是最核心的部分，它由阴极扩散层、阴极催化剂、质子交换膜、阳极催化剂和阳极扩散层组成。由固体电解质、催化剂、黏结剂〔如全氟磺酸（Nafion）膜等〕组成的阴极及阳极催化剂层是电池中各种电化学反应发生的场所，催化剂层活性的高低会直接影响DMFC的相关性能。膜电极的两侧分别安装硅胶垫圈及不锈钢制集流板，CH_3OH和O_2通过集流板的流场孔道进入膜电极中，而集流板的延伸部分起到收集电流的作用。

根据所使用电解液的不同，DMFC可以分为酸性DMFC和碱性DMFC，其工作原理各不相同。碱性DMFC发生的电极反应及总反应如下：

$$阴极：\frac{3}{2}O_2 + 3H_2O + 6e^- \rightarrow 6OH^-,\ E^{\ominus} = 0.4\ V \tag{1-1}$$

$$阳极：CH_3OH + 6OH^- \rightarrow CO_2 + 5H_2O + 6e^-,\ E^{\ominus} = -0.81\ V \tag{1-2}$$

电池总反应： $CH_3OH + \dfrac{3}{2}O_2 \rightarrow CO_2 + 2H_2O, E^{\ominus} = 1.21\,\mathrm{V}$　　（1-3）

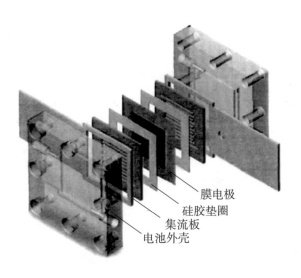

膜电极
硅胶垫圈
集流板
电池外壳

图1-1　DMFC结构示意图

　　如图1-2所示，碱性DMFC在运行时，CH_3OH燃料沿阳极集流板孔道经由阳极扩散层在阳极催化剂表面与从阴极透过质子交换膜的OH^-反应后生成H_2O、CO_2和电子，即发生MOR。反应释放的电子在通过外电路从阳极移动至阴极的同时对外输送电能。反应产生的CO_2和以冷凝水或水蒸气形式存在的H_2O从阳极室排出。同理，O_2沿阴极集流板孔道经由阴极扩散层到达阴极催化剂层，然后与H_2O以及外电路的电子发生反应生成OH^-，即发生氧还原反应（ORR），OH^-透过质子交换膜到达阳极，形成一个回路。

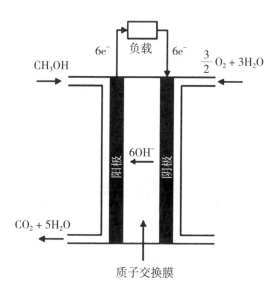

图1-2 碱性DMFC反应流程图

酸性DMFC发生的电极反应及总反应如下：

$$阴极：\frac{3}{2}O_2 + 6H^+ + 6e^- \rightarrow 3H_2O, E^{\ominus} = 1.23\ V \qquad (1-4)$$

$$阳极：CH_3OH + H_2O \rightarrow CO_2 + 6H^+ + 6e^-, E^{\ominus} = 0.05\ V \qquad (1-5)$$

$$电池总反应：CH_3OH + \frac{3}{2}O_2 \rightarrow CO_2 + 2H_2O, E^{\ominus} = 1.18\ V \qquad (1-6)$$

如图1-3所示，酸性DMFC在运行时，CH_3OH溶液沿阳极集流板孔道经由阳极扩散层到达阳极催化剂表面发生MOR。由式（1-5）可以看出，CH_3OH在阳极电催化氧化时与H_2O发生反应生成H^+、CO_2和电子。反应释放的电子经由外电路做功后移动至阴极，在这个过程中对外输送电能。反应产生的H^+透过质子交换膜到达阴极，产生的CO_2

从阳极室排出。与此同时，另一侧的O_2沿阴极集流板孔道进入阴极扩散层后，在阴极催化剂的作用下与从阳极渗透过来的H^+以及外电路的电子发生ORR生成H_2O，最终产物会以冷凝水或水蒸气的形式排出，从而形成一个回路。

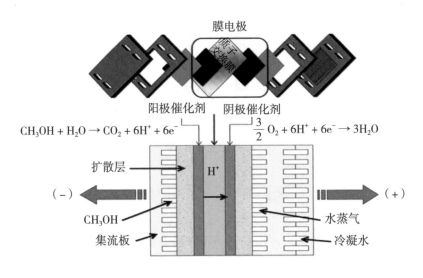

膜电极

阳极催化剂　　阴极催化剂

$$CH_3OH + H_2O \rightarrow CO_2 + 6H^+ + 6e^- \qquad \frac{3}{2}O_2 + 6H^+ + 6e^- \rightarrow 3H_2O$$

扩散层

H^+

（－）　　　　　　　　　　　　　　　　　　　（＋）

CH_3OH　　　　　　　　　　　　　　　　　水蒸气

集流板　　　　　　　　　　　　　　　　　　冷凝水

图1-3　酸性DMFC工作原理图

1.3.2　DMFC存在的问题

虽然DMFC具有清洁、高效、易启动等优点，但是目前并未实现大规模的商业化生产与应用，主要受以下因素影响：

（1）CH_3OH溶液的渗透问题。阳极室的CH_3OH会通过电渗析、浓差扩散等方式穿过聚合物电解质膜渗透到阴极室，导致阴极室的电化学ORR和MOR同时发生，造成混合电位，可能引起电池短路、电流

效率降低以及甲醇利用率低等问题，最终会导致电池的输出功率下降。开发新型电解质膜材料或对现有的Nafion膜材料进行改性可以有效应对CH_3OH溶液渗透问题。

（2）使用的催化剂成本高且易被毒化。目前市场上使用较多的是贵金属基催化剂，其在酸性DMFC中有较高的活性，但是其在地球上储量少，价格高昂，并且在催化反应过程中特别容易被CH_3OH氧化中间产物（如CO）毒化进而失活，这严重阻碍了DMFC的大规模市场化应用。

（3）阳极氧化动力学过程缓慢。相较于H_2的电化学氧化反应，CH_3OH的电化学氧化反应属于6电子的转移过程，反应中会产生许多中间产物，较为复杂。

因此，探索、开发高效、廉价的催化剂是加快CH_3OH氧化动力学过程、降低DMFC成本从而推动其商业化进程的一条有效途径。

综上所述，DMFC在酸、碱性介质中的电极反应以及穿过电解质膜的离子种类各不相同。相较于酸性DMFC，碱性DMFC具有以下优点：

（1）具有更高的开路电压，可以提高DMFC的功率密度。

（2）电池内部电渗析的方向不同，可以有效解决CH_3OH溶液渗透问题。在碱性DMFC中，OH^-从阴极穿过质子交换膜渗透到阳极，而在酸性DMFC中，CH_3OH分子跟随H^+移动至阴极造成CH_3OH溶液渗透。

（3）拓宽了阳极催化剂的选择范围。酸性介质具有较大的腐蚀性，使得一些金属（Ni、Fe、Au）和过渡金属氧化物（NiO、Co_3O_4等）无法在其中实现催化效果，因此阳极催化剂的选择范围变窄，只可选择Pt族贵金属。而对于碱性DMFC而言，过渡金属及其氧化物、硫化物、氮化物等都可以作为催化剂的备选项。

然而，碱性DMFC也有自身存在的问题。使用碱性介质时，电催化反应产生的CO_2气体会与碱性介质发生反应生成碳酸盐，造成电解液的碳酸化，可能导致阳极失水析出碳酸盐，使催化剂和电极的物理结构遭到破坏，造成电解质外泄；当电池稳定运行时，阴极室不断产生OH$^-$，使环境呈强碱性，而阳极室逐渐地碳酸化使得pH值不断减小，阴、阳两极产生pH值差而造成一定的电压损失。因此，开发高效、稳定的碱性DMFC阳极催化剂依然充满挑战性。

1.3.3　碱性DMFC阳极催化剂

目前常用的碱性DMFC阳极催化剂根据所使用的活性金属大体可以分为两类：贵金属基催化剂和非贵金属基催化剂。

1.3.3.1　贵金属基催化剂

通常，对于贵金属（如Pt、Pd）基催化剂的研究主要体现在催化剂的尺寸（纳米粒径、亚纳米粒径）、结构与形貌（单原子、核壳结构、纳米花）等方面，拟制备出具有较高电催化氧化CH$_3$OH活性、较大电化学活性比表面积和较好稳定性的催化剂。由于Pt表面发生H$_2$O的解离比较困难，无法去除吸附的CO小分子，因此通常采用金属氧化物或次级金属与贵金属相结合的方法，在低电压下吸引含氧分子且有助于氧化吸附的CO中间体，此种方法可以适当地减弱催化剂的中毒，增强催化剂的稳定性。Renjith等人采用阳极溶解技术在深共熔溶剂体系中共析电解（电共沉积），得到负载于石墨棒上的Au@Pd纳米颗粒，避免了从外部引入还原剂、金属盐前驱体和稳定剂，电催化氧化CH$_3$OH性能测试结果表明，相较于同等条件下制备的纯Pd纳米颗粒和纯Au纳米颗粒，该催化剂具有更高的催化活性、更低的起始电压。甘孟渝等人采用一锅法制备了二元、三元层状双氢氧化物（LDH）修饰的碳球，其中Pt/C@NiRuCe-LDH催化剂的制备工艺如图1-4所示。随后，他们采用典型的微波辅助多元醇法制备出分布均匀的Pt纳米颗粒，平均粒径为（1.6±0.2）nm。电化学评价结果表明，Pt/C@NiRu层状双氢氧化物（Pt/C@NiRu-LDH）、Pt/C@NiRuCe-LDH在碱性溶液中的质量活性分别为2032 mA·mg^{-1}和2475 mA·mg^{-1}。在酸性介质中，制备的Pt/C@NiRu-LDH的质量活性为686 mA·mg^{-1}，Pt/C@NiRuCe-LDH的质量活性为725 mA·mg^{-1}，比常用的Pt/C催化剂（273 mA·mg^{-1}）有更好的电催化性能和耐CO中毒性。以上结果归因于LDH可以提供大量的OH$^-$，促进有毒中间体的氧化，增强金属Pt与载体之间的相互作用。此外，掺杂Ce也可以有效地促进电荷转移和提高催化活性。以方便为导向的富含羟基的LDH改性碳的方法为LDH电催化剂的应用提供了更多的可能性，也为CH$_3$OH电氧化高效催化剂的发展提供了一种新思路。

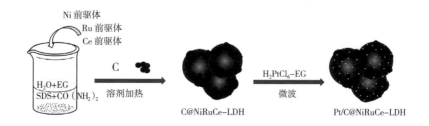

图1-4 Pt/C@NiRuCe-LDH催化剂的制备工艺

注：EG为乙二醇 [（CH$_2$OH）$_2$]；SDS为十二烷基磺酸钠（C$_{12}$H$_{25}$SO$_3$Na）。

　　以上研究的重心放在了减少贵金属在催化剂中的用量上，这可使MOR催化活性提高，但稳定性依旧难以保证。此外，在整个反应过程中，中间产物会将催化剂毒化，降低催化剂的活性，因此开发、设计价廉、具有高活性及较好稳定性的CH$_3$OH氧化阳极催化剂是亟待解决的问题。

1.3.3.2 非贵金属基催化剂

过渡金属的价格相较于贵金属而言普遍低廉。Fe、Co、Cu和Ni是在催化领域中最常使用的过渡金属。其中，由于Ni的地壳含量丰富、成本低，且在碱性介质中对醇类等小分子的电催化氧化活性较高，因此目前文献中有关镍基催化剂DMFC的介绍较多，该研究体系也相对成熟。

Ni的氧化物中较为常见的有NiO。一方面，当NiO达到纳米级尺寸时，比表面积增大，表面的原子数增多，导致表面原子的配位数不足，价电子无法都成键，大量的悬挂键与不饱和键存在于NiO表面，NiO的表面活性变高；另一方面，具有3d轨道的Ni^{2+}和多电子的O之间可能存在电荷转移，可以吸附O并发生化学相互作用，具有广阔的应用前景。王娟等人制备了异质结构催化剂，即将NiO外壳层部分包裹Ni内核的材料用作CH_3OH氧化的电催化剂。通过控制退火过程，NiO/Ni的异质结构及形貌可以被含有氧官能团的碳纳米管调控。系统地优化制备条件参数后，可合成在CH_3OH氧化过程中具有高活性的催化剂。张栋铭等人先将一块泡沫镍（NF）浸入草酸（$H_2C_2O_4$）中，在常压下得到前驱体NiC_2O_4，然后采用电化学活化工艺制备NiO，作为电氧化CH_3OH、CH_3CH_2OH与CO（NH_2）$_2$的催化剂，如图1-5所示。在碱性环境中，制备好的NiC_2O_4转化为具有三维（3D）多孔结构的NiO，发生电化学反应，其在含有$0.4\ mol\cdot L^{-1}CH_3OH$的环境中，在$0.60\ V$的电压下，电流密度达到$257\ mA\cdot cm^{-2}$。该工艺制备的NiO/NF电极具有成本低、易获取、电催化性能好等优点，这归因于NiO结合在电化学活化过程中残留的NiC_2O_4从而产生协同效应，形成复杂结构，有利于电子的转移。

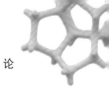

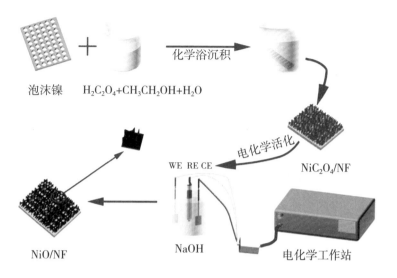

泡沫镍　　$H_2C_2O_4+CH_3CH_2OH+H_2O$

化学浴沉积

电化学活化

WE RE CE

NiC_2O_4/NF

NiO/NF

NaOH

电化学工作站

图1-5　NiO/NF电极的制备工艺

注：WE为工作电极；RE为参比电极；CE为对电极。

除了上述以单金属Ni以及Ni的氧化物作为MOR的电催化剂之外，目前文献中已经报道了许多Ni的二元、三元催化剂用于MOR。Nabi等人通过离子交换/活化方法在三维分层多孔石墨烯中原位生长Ni和Co，制备了Ni、Co封装的三维分级多孔石墨烯复合材料。其中Ni封装的复合材料对CH_3OH电催化氧化时，在0.728 V（vs. Ag/AgCl）的电压下，电流密度达到147.1 mA·cm^{-2}。同理，Co封装的复合材料在0.620 V（vs. Ag/AgCl）的电压下，电流密度为10 mA·cm^{-2}。

Pieta等人采用一锅水热法制备出纳米级金属异质结构（Cu、Ni和Cu-Ni）均匀嵌入超薄二维（2D）g-C_3N_4中，如图1-6所示，并通过X射线衍射分析、透射电子显微镜分析、高分辨扫描电子显微镜（HRTEM）-元素映射、拉曼光谱分析和X射线光电子能谱分析等研究了杂化纳米结构的表面形貌与组成。他们用扫描电子显微镜观察了在碱性条件下MOR中新型的分层异质结构，并考察了其催化性能。分散在g-C_3N_4上的Ni纳米颗粒是一种非常活跃的电催化剂，MOR起始电压为0.35 V，电荷转移电阻为0.12 kΩ。他们用计时电流法考察了修饰后的玻碳电极（GCE）的稳定性，结果表明，在负载量为4%（质量百分比）的NiO电极上，在整个160 min的实验期间，可获得稳定的电流密度约为36 A·g^{-1}（12 A·cm^{-2}）。在400 nm的紫外光照射下，MOR的电流密度均有所增大，其中4% Ni/CN催化剂的电流密度最大，达到127 A·g^{-1}（22 A·cm^{-2}）。杂化材料中掺入Cu主要造成Cu$^+$对Cu和Cu^{2+}的不可逆还原/氧化、CuO偏析以及影响电子转移过程，导致氧化还原电压升高而使催化剂的活性丧失。这些结果代表了光增强电反应系统和传感器的重要环节，其中异质结构的形成可以促进电子–空穴分离，并产生更有效的能量转移。

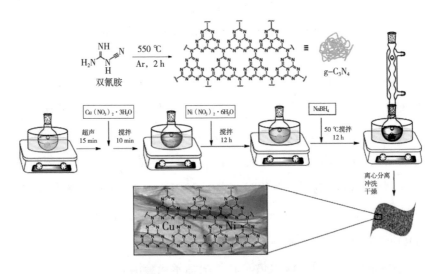

图1-6 Cu–Ni/g–C$_3$N$_4$的合成示意图

镍基催化剂对CH$_3$OH的催化原理是：无论是单质Ni还是Ni的氧化物（如NiO），在碱性介质中活化时都会先生成Ni（OH）$_2$，而Ni（OH）$_2$在电化学反应中主要发生Ni^{2+}与Ni^{3+}之间的相互转换，当电压增大时，Ni（OH）$_2$转变为NiOOH，Ni^{2+}被氧化为Ni^{3+}，当电压减小

14

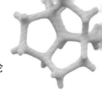

时，Ni^{3+}被还原为Ni^{2+}，发生还原反应；Ni处于高价态（Ni^{3+}）时具有较强的得电子能力，催化氧化电极表面的CH_3OH分子，同时被还原成Ni^{2+}。电催化过程其实就是氧化还原反应过程，通过Ni元素价态的变化来实现对CH_3OH的电催化氧化。

1.4　DUFC的研究进展

作为农业大国，我国对$CO(NH_2)_2$的需求量较大。$CO(NH_2)_2$的含氢量为6.67%，是一种含C、O、N、H元素的有机物。在人类的尿液中，H_2O占95.0%，$CO(NH_2)_2$占2.0%～2.5%，$CO(NH_2)_2$的平均摩尔浓度是$0.33\ mol\cdot L^{-1}$。如果将人、动物的尿液以及尿素工厂每天产生的大量含$CO(NH_2)_2$废水直接排放到河流、大海中，则容易使水中的植物与藻类过度繁殖从而进一步造成水体富营养化，最终可能会使水中的其他生物缺氧而亡。如图1-7所示，$CO(NH_2)_2$可以被动、植物以及微生物中的一种物质——脲酶降解为氨气（NH_3），在大气环境中会被氧化成硝酸盐、氮氧化物和亚硝酸盐等，这些含氮物质会随着降雨渗入土壤和饮用水中，可能形成酸雨，在污染环境的同时危害人类的健康。

目前，人类已经尝试了许多方法处理富含$CO(NH_2)_2$的废水，如采用化学氧化法、热水解法、人工生物降解法等，然而基于过高的成本和复杂的设备要求，这些方法无法得到大规模应用。因此，人类迫切需要寻找一种简单、有效的方式处理富含$CO(NH_2)_2$的废水，从而改善我们的生存环境。

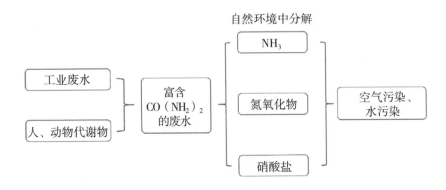

图1-7 CO（NH$_2$）$_2$自然分解对环境的影响

换个角度看待CO（NH$_2$）$_2$，它是一种易得、相对无毒且稳定的物质，其中含有10%的H原子，可以作为一种储能材料。人、动物的尿液以及工业生产排出的大量富集CO（NH$_2$）$_2$的废水可以作为碱性介质中电解产氢的资源。采用电化学法分解富含CO（NH$_2$）$_2$的废液，在污水处理、电解产氢以及DUFC生产等方面有十分广阔的应用前景。通常，电解槽电压只需要达到0.37 V就可以电化学分解CO（NH$_2$）$_2$，而直接电解H$_2$O需要1.23 V的电压，在同等条件下，电化学分解CO（NH$_2$）$_2$可以多产出70%的H$_2$。在电解的过程中，CO（NH$_2$）$_2$在阳极被氧化为N$_2$和碳酸盐，H$_2$O在阴极被还原为H$_2$。

1.4.1　DUFC的特点及工作原理

以含有CO（NH$_2$）$_2$的废水、尿液、尿素肥料等作为燃料电池的阳极，以空气、O$_2$作为阴极，即可组合为DUFC。CO（NH$_2$）$_2$作为燃料具有以下特点：

（1）在常温下，CO（NH$_2$）$_2$呈固态颗粒状，因此方便运输和储存。

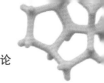

（2）CO（NH$_2$）$_2$的能量密度为16.9 MJ·L^{-1}，大于液态H$_2$（10.1 MJ·L^{-1}）和压缩H$_2$（70 MPa，5.6 MJ·L^{-1}）。

（3）人类和动物排出的尿液或工厂排放的富含CO（NH$_2$）$_2$的废水可以作为阳极电解液，避免在自然界中靠生物自然降解CO（NH$_2$）$_2$产生有害的硝酸盐物质，从而可以在净化富含CO（NH$_2$）$_2$污水的同时对外提供电能。

（4）CO（NH$_2$）$_2$电催化氧化的最终产物是N$_2$和CO$_2$，对环境无毒、无害。

（5）CO（NH$_2$）$_2$可作为SOFC中的氢载体。

如图1-8所示，碱性DUFC的工作原理如下：

阴极：$\dfrac{3}{2}O_2 + 3H_2O + 6e^- \rightarrow 6OH^-$，$E^\ominus = 0.40\ V$ （1-7）

阳极：$CO\left(NH_2\right)_2 + 6OH^- \rightarrow N_2 + CO_2 + 5H_2O + 6e^-$，$E^\ominus = -0.75\ V$ （1-8）

电池总反应：$CO\left(NH_2\right)_2 + \dfrac{3}{2}O_2 \rightarrow CO_2 + N_2 + 2H_2O$，$E^\ominus = 1.15\ V$ （1-9）

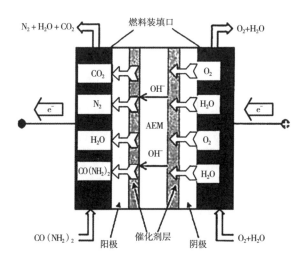

图1-8 碱性DUFC工作原理示意图

1.4.2　碱性DUFC阳极催化剂

在常用的碱性DUFC的阳极催化剂中，贵金属基催化剂使用得相对较少，通常将贵金属与次金属组成二元合金催化剂来降低成本。Mohamed等人采用静电结合方法在H_2气氛中热解合成了Ni/Pd纳米颗粒，这些颗粒附着在炭化聚乙烯醇（PVA）纳米纤维复合物上。他们还采用循环伏安法和计时电流法研究纳米纤维催化UOR的性能。

相关研究表明，贵金属对于UOR的催化性能较差，非贵金属的催化性能反而较好。在非贵金属中，Ni对UOR有较好的催化性能，所有含Ni的催化剂在UOR中都有相同之处，即$CO(NH_2)_2$的起始氧化电压都位于$Ni(OH)_2$转化为NiOOH的起始氧化电压处。以上结果表明，催化$CO(NH_2)_2$电氧化的活性物质不是金属Ni，而是NiOOH。

电活性低、过电位高和稳定性差等问题在一定程度上限制了Ni单质在UOR中的应用。曹殿学等人采用一步电沉积方法在聚碳酸酯板（PCT）的孔内及表面电沉积Ni，随后在CH_2Cl_2中溶解聚碳酸酯板，制备出具有独特三维纳米结构的全金属Ni纳米线阵列（NWA）电极，如图1-9所示。这个结构有利于反应物与催化剂的接触，可以为UOR提供更多的催化活性位点。Ni纳米线阵列电极在5 mol·L^{-1} KOH溶液和0.33 mol·$L^{-1}CO(NH_2)_2$溶液组成的电解液中，峰值电流密度为160 mA·cm^{-2}，起始氧化电压为0.25 V(vs. Ag/AgCl)。

如图1-10所示，吴茂松等人以不锈钢上附着的聚苯乙烯（PS）小球为模板，通过控制电沉积时间制备出$Ni(OH)_2$的中空纳米球、纳米杯催化剂，其在碱性环境中具有很好的电催化氧化$CO(NH_2)_2$活性。当电压为0.45 V时，纳米杯电极的电流密度远大于薄膜电极和纳米球电极，说明纳米杯电极有利于$CO(NH_2)_2$的电催化氧化。

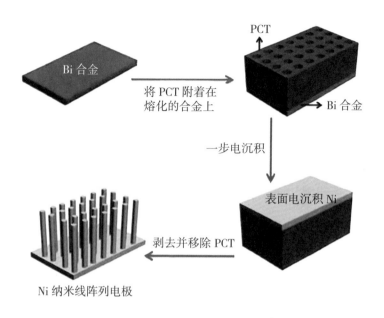

图1-9 Ni纳米线阵列电极的制备过程

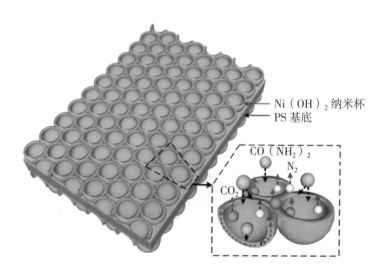

图1-10 单层Ni（OH）$_2$纳米杯阵列电极示意图

　　除了单质Ni以外，NiO也是一种对于CO（NH₂）₂氧化有一定活性的物质。刘晓腾等人发现了一种利用蛋壳膜制备多级多孔碳作为低成本碳基底的方法，合成了纳米级氧化镍催化剂（C@NiO），通过电化学方法有效地将生物废水中的CO（NH₂）₂电催化氧化，同时产生能量，如图1–11所示。NiO中碳网络的相互交织使CO（NH₂）₂氧化具有较强的协同效应。与可逆氢电极相比，他们制备的电极在$1\ mol\cdot L^{-1}$ KOH溶液和$0.33\ mol\cdot L^{-1}$CO（NH₂）₂溶液组成的电解液中，电流密度达到$10\ mA\cdot cm^{-2}$仅需$1.36\ V$，达到更大的电流密度（$25\ mA\cdot cm^{-2}$）需要$1.46\ V$，相较于多孔碳和商用Pt/C催化剂，其达到相同电流密度所需的电压较低。根据理论计算可知，Ni（Ⅲ）活性物质和多孔碳有效抑制了电催化剂的CO中毒，保证了其优越的CO（NH₂）₂氧化性能。

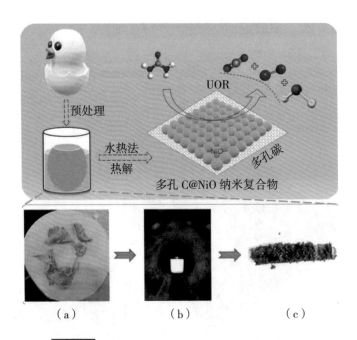

图1–11　多孔C@NiO纳米复合物的制备工艺流程

注：（a）为采用水热法烘NiO/ESM；（b）为热解处理；（c）为热解后的最终产物。

此外，镍的氢氧化物Ni（OH）$_2$对于CO（NH$_2$）$_2$氧化也有一定的催化活性。通常来说，Ni（OH）$_2$有α–Ni（OH）$_2$和β–Ni（OH）$_2$两种晶型。β–Ni（OH）$_2$较为稳定，层间距约为0.46 nm，且层与层之间结合紧密，而α–Ni（OH）$_2$层间存在水分子和其他一些离子（如CO$_3^{2-}$、SO$_4^{2-}$），因此性质相对活泼。层间阴离子种类和层间水分子数量的不同会使α–Ni（OH）$_2$的层间距在0.7～0.9 nm范围内变化。不稳定的α–Ni（OH）$_2$会转化为较稳定的β–Ni（OH）$_2$，同时其催化活性降低。Schechter等人采用碱直接沉淀法合成了β–Ni（OH）$_2$，并与Ni/Ni（OH）$_2$在UOR中的电化学参数进行了比较。电化学阻抗测试结果表明，β–Ni（OH）$_2$改善了CO（NH$_2$）$_2$氧化的电荷转移动力学过程，具体体现为电荷转移阻力变小。β–Ni（OH）$_2$增强CO（NH$_2$）$_2$氧化活性主要缘于增大的活性位点密度，以及较大的结晶程度和电容。较大的速率常数表明，β–Ni（OH）$_2$比Ni/Ni（OH）$_2$更容易吸附CO（NH$_2$）$_2$。因此，纯晶体β–Ni（OH）$_2$相的贡献更大，其可以提高反应速率，而且电化学稳定性更好。

罗细亮等人提出以具有丰富孔隙的超薄Ni（OH）$_2$纳米片作为平台，探索多孔结构在UOR过程中起到的作用，如图1-12所示。在超薄结构和多孔结构中，β–Ni（OH）$_2$电化学转换为β–NiOOH，催化剂表面活性可以大幅提升，产生众多UOR催化活性物质，赋予超薄Ni（OH）$_2$纳米片大量的活性位点，增强电荷传输能力，优化反应动力学过程。在电压为1.82 V（vs. RHE）时，多孔β–Ni（OH）$_2$纳米片显示出较大的电流密度（298 mA·cm^{-2}），大约是无孔β–Ni（OH）$_2$纳米片的18.1倍，在相同条件下可以与其他高性能的催化剂相媲美。

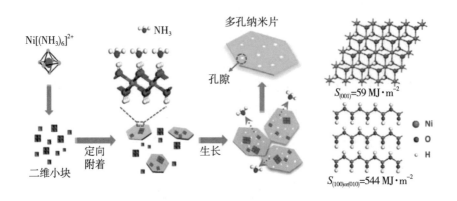

图1-12　多孔Ni（OH）$_2$纳米片形成的二维定向附着过程示意图

　　镍基催化剂与Mn、Co、Mo、Zn、Cr、Sn等金属合金化后，对CO（NH$_2$）$_2$的氧化活性有所提高。Mn通常被用来增强金属Ni对于小分子醇类的氧化活性，在这种氧化过程中，Mn有助于从催化剂表面去除有毒中间体（如CO），其方式类似于Co相对于Pt。LDH基于双金属氢氧化物独特的结构而具有以下几个特点：可以在一定范围内改变层间不同价态阳离子的比率，从而达到调控层间电荷密度的目的；主体层之间的阴离子可被置换；片层越薄，原子的利用效率越高，与电解液中物质的相互作用越强；材料的层间相互作用较强，结构不会因外界因素变化而轻易变化。张为新等人提出了一种简单的水热法，如图1-13所示，制备出超薄NiMn-LDH（U-NiMn-LDH/CFC）纳米片，原位生长在碳纤维布（CFC）基体上，可大大提高吸水性，简化制备程序，而且与粉末涂层基体相比提高了机械性能和电极的稳定性。与本体NiMn-LDH（B-NiMn-LDH）相比，连续的U-NiMn-LDH/CFC纳米片阵列更有利于暴露催化活性位点，对析氧反应（OER）、UOR和析氢反应（HER）均有显著的电催化性能。

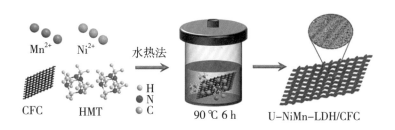

图1-13 U–NiMn–LDH/CFC纳米片合成路线示意图

注：HMT为六次甲基四胺。

如图1-14所示，曾敏等人合成二维NiCo LDH纳米片作为$CO(NH_2)_2$电氧化的催化剂，采用旋转环盘电极（RRDE）和在线气相色谱技术对其动力学过程与氧化产物进行了研究。相较于NiCo氢氧化物和NiCo LDH–CO_3，NiCo LDH–NO_3因层间空隙最大而具有最低的起始电压E_{onset}［0.37 V（vs.Hg/HgO）］、较高的法拉第效率（88%）和最好的运行稳定性，证明NiCo LDH中负离子的层间效应对提高$CO(NH_2)_2$电催化氧化性能有显著的影响。

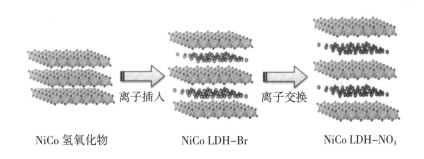

图1-14 NiCo LDH纳米片的合成示意图

除了上述二元合金外，非金属氧化物、硫化物、氮化物和磷化物也在UOR中得到了广泛的应用。Ding等人采用化学沉积法结合后退火工艺，合成了尖晶石镍钴（$NiCo_2O_4$）的纳米结构。该材料具有大比表面积（190.1 m²·g⁻¹）和介孔体积（0.943 cm³·g⁻¹）。NiCo₂O₄电极在1 mol·L⁻¹KOH溶液和0.33 mol·L⁻¹CO（NH₂）₂溶液组成的电解液中，在电压为0.7 V（vs. Hg/HgO）时的电流密度为136 mA·cm⁻²·mg⁻¹。NiCo₂O₄显示出比在同等条件下制备的氧化钴（Co₃O₄）更好的催化活性和稳定性。这主要归因于NiCo₂O₄材料具有较高的固有电子电导率、优异的介孔纳米结构和丰富的表面Ni活性位点，从而增大了CO（NH₂）₂电氧化的电荷转移速率，增加了界面电活性部位。

曹殿学等人采用两步简单水热法制备了直接在泡沫镍电极上生长的三维NiCo₂S₄纳米线阵列，如图1-15所示。在之后的电催化CO（NH₂）₂测试中，与制备的Ni₃S₂/NF电极相比，不使用黏结剂的NiCo₂S₄/NF电极具有更低的起始电压、更好的催化活性及稳定性，以及更强的对UOR的耐受能力。在含有5 mol·L⁻¹KOH和0.33 mol·L⁻¹CO（NH₂）₂的溶液中，NiCo₂S₄/NF电极可以在0.18 V（vs. Ag/AgCl）下提供720 mA·cm⁻²的电流密度。

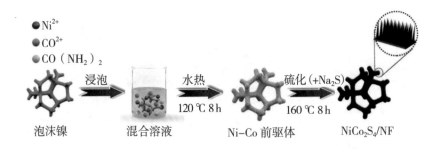

图1-15 在泡沫镍上生长的NiCo₂S₄纳米线阵列的制备工艺示意图

如图1-16所示，张久俊等人通过水热反应在泡沫镍上制备了Ni（OH）₂NW/NF，使用还原剂N₂H₄将其还原成NiNS/NF后，在NH₃气氛中热解合成了Ni₃NNS/NF。该催化剂中的活性部位是用于电解

CO（NH$_2$）$_2$的网状结构的纳米球。电化学性能测试结果显示，在电压为1.42 V时，其电流密度达到100 mA·cm^{-2}。同时，电解CO（NH$_2$）$_2$溶液的电流密度达到50 mA·cm^{-2}时只需要1.38 V，而电解H$_2$O达到同样的电流密度时电压为1.62 V。

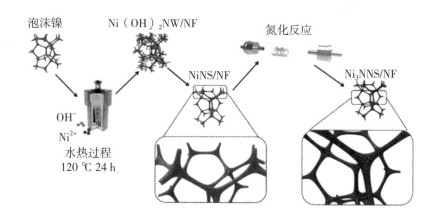

图1-16 CO（NH$_2$）$_2$在Ni$_3$NNS/NF电极中的电解示意图

如图1-17所示，梁艳琴等人成功制备了一系列Ni$_2$P纳米薄片，在UOR中，起始电压为1.33 V（vs. RHE），在1.60 V（vs. RHE）时电流密度能达到95.47 mA·cm^{-2}。由于Ni$_2$P纳米薄片具有较高的导电性，因此研究人员倾向于通过直接电氧化机制触发UOR，使它成为Pt和Rh等贵金属的有效替代品。PO$_4^{3-}$引起的质子耦合电子转移（PCET）加速过程有利于NiOOH的原位生成，因此与β-Ni（OH）$_2$纳米薄片相比，在Ni$_2$P纳米薄片上，UOR过程的起始电压较低。在UOR过程中，NiOOH取代了Ni$_2$P纳米薄片中的Ni$_2$P相，而在OER过程中，NiOOH和Ni$_2$P相均是活性位点。

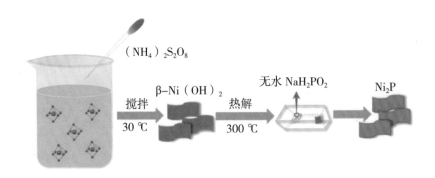

图1-17 Ni₂P纳米薄片的合成示意图

叶克等人将三维多孔Ni₂P纳米花负载在泡沫镍上，合成了Ni₂P@NF，其具有较高的尿素氧化活性，例如，其阳极峰电流密度为750 mA·cm⁻²，大于Ni（OH）₂@NF的电流密度（450 mA·cm⁻²），相较于Ni（OH）₂@NF（起始电压为0.27 V），有较低的起始电压［0.24 V（vs. Ag/AgCl）］。掺入P后其催化性能提高，这与高孔隙率有关，因为高孔隙率会使更多的活性位点暴露。

Botte等人采用原位拉曼光谱分析技术和原位X射线衍射分析技术推测出，在镍基催化剂表面，CO（NH₂）₂分子发生氧化反应的机理是电氧化-化学氧化（E-C）反应。在施加外部电压时，Ni（OH）₂失去电子被氧化为NiOOH，此时的Ni呈正三价，高价态的NiOOH便会夺取CO（NH₂）₂中的电子将CO（NH₂）₂氧化为N₂和CO₂，其反应方程式如下：

$$Ni(OH)_2 + OH^- \leftrightarrow NiOOH + H_2O + e^- \tag{1-10}$$

$$CO(NH_2)_2 + 6NiOOH + H_2O \rightarrow 6Ni(OH)_2 + N_2 + CO_2 \tag{1-11}$$

由以上关于碱性DUFC的研究可知，催化剂一般都由两部分组成，即活性组分和载体。活性组分一般由可以起到催化作用的金属及其氧化物、硫化物、磷化物组成，以镍基催化剂为例，活性组分有Ni、NiO、Ni（OH）$_2$以及Ni的硫化物、磷化物等，而载体的选择也会对催化剂的性能产生很大的影响。

1.5　**催化剂载体的选择**

通常，性能优良的电化学催化剂需要具备以下条件：

（1）具有良好的选择性和较高的催化活性

电极反应过程通常比较复杂，优良的催化剂材料需要在一定的电势窗口内具有良好的选择性、较高的电化学反应效率。较高的催化活性是指在较低的过电势下能得到较大的电流密度。

（2）具有较大的比表面积或者较多的单位面积内活性位点

许多研究者将材料制备成核壳、镂空结构，或者将其负载在具有较大比表面积的材料上，从而增大材料的比表面积，使更多的活性位点暴露于外表面，便于电解液与电催化剂的接触，以及反应产物的交换，如便于电催化氧化反应过程中所产生的气泡逃逸。

（3）具有良好的导电性

对于电化学催化剂而言，好的导电能力是电极材料具有优良催化活性的前提条件。一方面，催化剂材料与电极基底之间需要有良好的导电性；另一方面，催化剂材料与电解液之间有较好的导电性，能够快速传递反应中产生的质子和电子。

（4）具有良好的稳定性

电化学反应通常是氧化反应或还原反应，反应过程相对剧烈，在长时间的电极材料的电化学反应过程中，电催化剂应能够在保持原有基本结构的同时保持较高的催化活性。

（5）具有成本效益，即价格相对低廉

在燃料电池的商业化应用中，如果催化剂的成本可以有效降低，则更有利于燃料电池的大规模推广。

为了更好地催化反应，通常会将活性组分均匀地负载在具有较大比表面积、较好物理化学稳定性和较强导电性的载体上。通常，价格相对低廉，具有较强电子导电性、较大比表面积、适当孔隙度及分散性、较好耐腐蚀性，以及相对稳定的载体是较为理想的催化剂载体。目前，在电催化领域使用较多的催化剂载体有碳材料载体、泡沫金属、导电纤维布、海绵、导电高分子水凝胶等。

1.5.1　碳材料载体

1.5.1.1　炭黑

通常，由碳氢化合物热解制备得到的炭黑（CB）是一种传统的商业化载体，其表面拥有丰富的含氧官能团，可提供大量的催化活性位点，主要应用在贵金属及其合金基催化剂中。目前广泛使用的炭黑是由美国生产的Vulcan XC-72R（简称XC-72R）炭黑，具有约250 $m^2 \cdot g^{-1}$的比表面积和2.77 $S \cdot cm^{-1}$的电导率，可以基本满足电催化剂载体对比表面积和导电性的要求。由炭黑负载的Pt催化剂（Pt/C）制备过程简单、比表面积大，是目前投入商业应用的催化剂。当金属

负载量大于40%时，金属粒径会增大，具有较差物质传递特性的炭黑会导致催化剂在使用过程中极易发生团聚，其自身的深微孔与凹槽会阻碍催化活性组分与反应物的接触，而且具有较差热稳定性的炭黑会造成催化层的解体。

1.5.1.2　碳纳米管

1991年，日本电子公司的Ijima发现了碳纳米管（CNT）。合成碳纳米管常用的方法有电弧放电法、化学气相沉积法（碳氢气体热解法）、固相热解法和激光烧蚀法等。碳纳米管的自身结构使其具有良好的力学性能和导电性能，优于常规炭黑，在电催化领域得到了广泛的应用。由于初始的碳纳米管自身呈化学惰性，因此一些研究者会将碳纳米管进行官能团修饰后与有催化活性的金属相结合，作为复合催化剂来使用，通常会用离子液体或强酸（H_2SO_4、HNO_3等）在碳纳米管表面引入合适的含氧官能团。修饰后的碳纳米管表面的亲水性好，催化剂与载体间的相互作用增强，广泛用于负载多种催化剂。如图1-18所示，邢巍等人采用水热法在相对较低的温度下合成氮掺杂氧化碳纳米管（Pt/N-OCNT），用酸处理后的碳纳米管与氨水（$NH_3 \cdot H_2O$）反应可以避免高温热解和使用有毒试剂。氮掺杂可以有效改善Pt纳米颗粒的分散状态，从而有效促进Pt的原子化。与其他催化剂相比，氮掺杂碳纳米管（Pt/N-CNT）对MOR的催化性能最好。

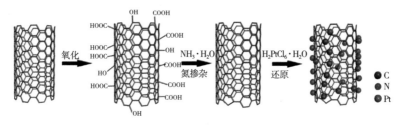

图1-18　Pt/N-OCNT的合成示意图

1.5.1.3 石墨烯

石墨烯是一种由碳原子以sp^2杂化轨道组成六角形蜂巢晶格的二维碳纳米材料，具有良好的导热性、导电性、机械稳定性以及较大的比表面积，得到了许多研究者的关注。通过氧化石墨得到的氧化石墨烯（GO）中含有大量的含氧官能团（包括羟基、环氧官能团、羰基、羧基等，位于石墨的基面或石墨烯的边缘部位），可以更好地固定催化反应的活性组分金属，在电催化领域中应用较广。目前与石墨烯有关的研究热点聚焦在掺杂方法上，即在石墨烯中掺杂N、S、P等原子形成杂原子掺杂石墨烯，例如在石墨烯晶格中引入N原子后变成氮掺杂的石墨烯，其表现出比纯石墨烯更优异的性能。氮掺杂已成为一种有效改变石墨烯性质的方法，将N原子掺杂到石墨烯晶格中可以改变石墨烯的电子性能，在电催化领域有潜在的应用价值。

1.5.2 泡沫金属

常用的泡沫金属有泡沫镍、泡沫铜（CF）等，它们具有良好的导电性和特殊的三维多孔结构，被广泛应用于电催化领域。通常会将活性组分与导电剂、黏结剂进行机械混合后涂覆在泡沫金属上，压片后制成电极使用。近年来，越来越多的研究者用泡沫金属本身作为金属源，采用水热法、电沉积法等方法在其表面自生长或负载活性组分，即将其作为催化剂载体。

张栋铭等人采用一步电沉积法制备了一种新型催化剂，将Co-P合金负载在泡沫铜基底上，在电沉积过程中，用H_2泡作为动态模板成功地制备了具有三维多孔结构的Co-P/CF电极，如图1-19所示。他们通过对Co-P/CF进行物理表征，证明了P元素的掺杂导致在电极表面出现更多的Co团簇，从而形成更多的活性位点。这些特性对NaBH$_4$的电催化氧化非常有利。电化学表征结果也证实，Co-P/CF对NaBH$_4$的电催化活性优于Co/CF。在室温下，对于Co-P/CF，在2.00 mol·L^{-1} NaOH溶液和0.20 mol·L^{-1} NaBH$_4$溶液中，在−0.20 V（vs. Ag/AgCl）下，电流密度达到1795 mA·cm^{-2}。

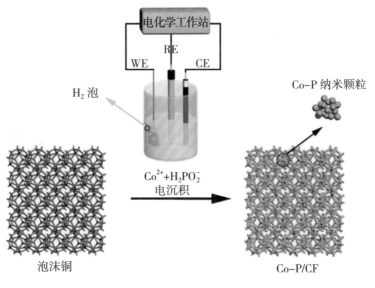

图1-19 Co-P/CF电极的制备工艺示意图

1.5.3 导电纤维布和海绵

对碳纤维或石墨纤维进行处理可以得到导电纤维布。常见的导电纤维布如碳布（CC）是由预氧化的聚丙烯腈纤维织物经炭化制备而成的，具有较好的导电性和机械特性，可以用来制作柔性电极。近年来，许多研究者将碳布作为前驱体，采用水热法在其表面负载活性组分，作为HER、OER的有效催化剂。Ray等人将镍钴氮化物（NCN）异质结构负载在聚苯胺（PANI）涂层的碳布上，作为催化全电解水的催化剂，如图1-20所示。他们通过可控热解镍钴（Ni-Co）前驱体，在PANI涂覆的碳布上组装生成草状纳米氮化钴（CoN）和氮化镍（Ni₃N）。在碳布上的导电氮掺杂碳层改进了电化学活性，镍的加入导致产生大量电荷传输和质量传输的催化活性中心，材料的自支撑性使其具有较高的机械稳定性，因而对于HER和OER有优异且稳定的电催化活性。

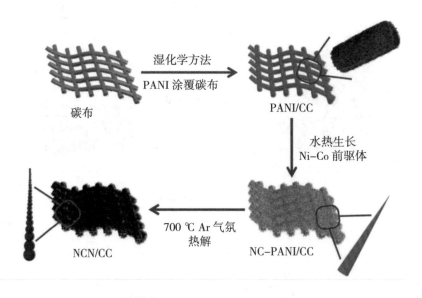

图1-20　NCN/CC的合成示意图

廉价且具有良好吸湿性及特殊三维多通道结构的海绵有利于电解液的扩散和电子的传递，可以负载大量的活性组分，将其在惰性气氛中热解后可以得到类似于泡沫镍三维多孔结构的碳海绵支撑材料，

将其应用于电催化氧化$CO(NH_2)_2$，电化学测试结果表明其性能优良。王贵领等人制备出低成本、高效率的Ni纳米线修饰的碳海绵电极对$CO(NH_2)_2$进行催化氧化，研究中使用的碳海绵具有与泡沫镍类似的三维多孔结构，是对再生聚氨酯海绵进行炭化制备而得的。研究人员在三电极体系中研究了所制备的催化剂在碱性溶液中的性能。随着Co元素的引入，$CO(NH_2)_2$的起始氧化电压降低，氧化性能提高。此外，研究人员用$NiCo_2S_4$纳米线改性碳海绵作为阳极，组装出一个直接尿素-过氧化氢燃料电池，测试结果表明，所制备的催化剂具有良好的催化性能，而这同时也是一种废弃物回收利用工艺。

1.5.4　导电高分子水凝胶

导电高分子（CP）也称导电聚合物，是指可通过电化学、化学掺杂由绝缘体变为导体的具有共轭π键的一类高分子材料。导电高分子环境稳定性强、比表面积大且电导率高，得到了许多研究者的关注。例如，Nitani等人以聚吡咯（PPy）、PANI作为载体，研究Pd、Pt等金属元素对O_2和CH_3OH的电催化氧化作用，结果表明，金属微粒负载在导电高分子上具有较好的电催化氧化CH_3OH性能。常用的导电高分子有PANI、聚噻吩（PT）、PPy和聚乙炔（PA）等，其结构如图1-21所示。与其他导电高分子相比，PANI的应用前景十分广阔。根据PANI氧化态的不同，可将其分为三种不同的结构。

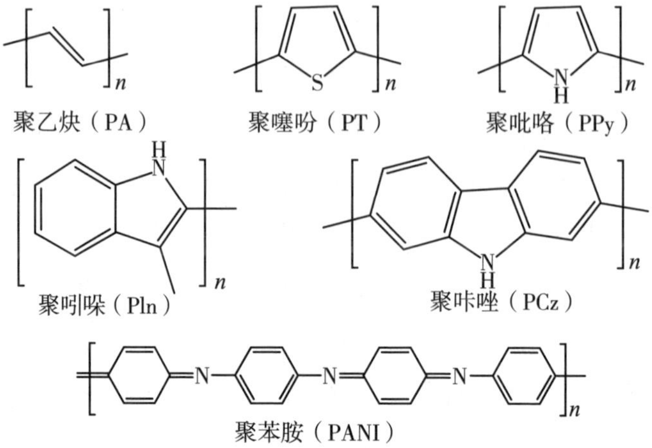

聚乙炔（PA）　　　　聚噻吩（PT）　　　　聚吡咯（PPy）

聚吲哚（PIn）　　　　　　　　聚咔唑（PCz）

聚苯胺（PANI）

图1-21　常用导电高分子的结构

水凝胶是一种交联聚合物，具有三维网状结构，能在水中溶胀却不能溶解。导电高分子水凝胶（CPH）网络中有亲水基团和疏水基团，可以储存一定的水分而保持一定的形状。导电高分子水凝胶兼备水凝胶的三维网状结构和导电高分子优异的电化学特性，是一种新型材料，可以广泛应用于电催化、生物医学、超级电容器、传感器、驱动器等领域。

刘威等人发现了一种原位硅封闭胶凝方法整合贵金属气凝胶（PtPd、PtAg、PdAg、AuAg），与大孔骨架（如碳布、碳纤维泡沫和泡沫镍）结合，充分利用金属气凝胶固有的优势结构，发挥其在电催化中的作用，将Pt_xAg_y气凝胶负载在碳布上（Pt_xAg_y AG/CC），Pt_xAg_y AG缠绕在碳布纤维与纤维之间的大孔隙中，金属气凝胶固有的分层多孔结构和连续的导电网状结构得到了很好的保留，如图1-22所示。Pt_xAg_y AG/CC具有良好的机械弹性，可以直接作为独立电极进行电催化。结果表明，最佳Pt_xAg_y AG/CC对MOR的活性和稳定性显著提高，其质量活性是$Pt_{50}Ag_{50}$ AG滴涂在碳布上（$Pt_{50}Ag_{50}$ AG ink/CC）的5.0

倍。这与金属气凝胶保存完好的连续导电金属网络骨架和三维分级多孔结构密切相关，这种结构使其具有更高效的电子传递、更快的质量传输、更丰富的活性位点和优异的结构稳定性，抑制聚集和陈化。此外，该方法具有很强的普遍性，可以扩展到制备$Pt_{50}Pd_{50}$ AG/CC、$Pd_{50}Ag_{50}$ AG/CC和$Au_{50}Ag_{50}$ AG/CC。此外，$Pt_{50}Ag_{50}$ AG也可以集成到碳纤维泡沫（$Pt_{50}Ag_{50}$ AG/CFF）和泡沫镍（$Pt_{50}Ag_{50}$ AG/NF）中。

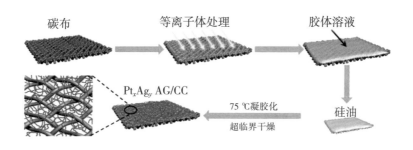

图1-22 Pt_xAg_y AG/CC的制备示意图

1.6 本书的研究内容

DMFC具有安全、便于携带、燃料易于存储、运行温度低、对环境友好、比能量密度高等优点，在燃料电池汽车和便携式电子设备等领域有一定的应用前景。然而，DMFC的大规模商业化发展依然面临很大的挑战，如存在CH_3OH溶液渗透、电催化剂容易中毒（特别是易被CO毒化）以及阳极MOR动力学过程缓慢等问题。相较于酸性

DMFC，碱性DMFC可拓宽催化剂的范围，如可使用非贵金属（如Ni、Co、Cu等过渡金属）。在碱性介质中，OH⁻与质子的传递方向刚好相反，可以降低CH$_3$OH溶液的渗透速度。DUFC可以使用富含CO（NH$_2$）$_2$的废水作为燃料，将化学能直接转化为电能，不仅可以有效处理富含CO（NH$_2$）$_2$的废水，而且可以产生电能。

DMFC和DUFC的阳极反应均为6电子转移过程，阳极反应动力学过程缓慢，催化剂活性不高，稳定性较差，通常使用的贵金属基催化剂由于资源稀缺而成本过高，这些因素限制了它们的大规模商业应用。因此，为了推动DMFC和DUFC的商业化应用，有必要探索、开发高性能、廉价的非贵金属基催化剂。镍基催化剂对MOR和UOR均有较高的活性，将其与导电性好和比表面积大的基底结合，可以更好地发挥其催化作用。

许多文献报道了制备催化剂的方法，即先高温热解得到成型碳材料，或者购买商业碳材料载体，负载上活性金属盐成分，然后通过使用强还原剂（NaBH$_4$或者N$_2$H$_4$）制备复合材料，最后将碳基复合材料与导电剂和黏结剂［如聚偏二氟乙烯（PVDF）、Nafion等］混合，采用简单的滴涂法使其附着于导电基体（如玻碳电极、泡沫镍、碳布和泡沫铜等）的表面，这些方法普遍应用于电化学催化、电容器储能等领域。通常在制备电极时会用到黏结剂，黏结剂的使用在增加催化剂成本的同时可能堵塞电极材料自身的孔隙，使电极材料的利用率降低，增大溶液与电极材料之间的接触电阻，降低电极的电化学性能。

本书选取应用在传感器、柔性超级电容器等方面的导电高分子水凝胶作为碳源前驱体，将导电高分子水凝胶浸渍在金属盐中或置于水热反应釜中，使活性成分金属盐或者金属氢氧化物可以均匀地分布在水凝胶内部或表面，经冷冻干燥后可以保留其原有的三维网状结构，在N$_2$气氛中热解后即可得到均匀的负载有活性组分的碳复合物，在CH$_3$CH$_2$OH和去离子水中将其分散，采用滴涂法将其覆盖在碳布上

作为工作电极。上述过程不使用任何黏结剂。其中，可分别选取含有N、S元素的导电高分子水凝胶作为碳源前驱体，即采用杂原子掺杂方法来调变复合材料的电子结构。本书的主要研究内容如下：

（1）选取PPH水凝胶为碳源前驱体，将其浸泡在一定浓度的$NiCl_2$溶液中数小时，冷冻干燥后得到$NiCl_2$@PPH，将其在N_2气氛中、不同温度下热解，制备得到Ni/N–C@T系列催化剂，探究其对于MOR和UOR的催化活性与稳定性，以及催化剂的结构与性能之间的关系。

（2）选取PPH水凝胶为碳源前驱体，采用水热法将其投入含有$NiCl_2$和$CO(NH_2)_2$溶液的高压反应釜中，冷冻干燥后得到$Ni(OH)_2$@PPH，将其在N_2气氛中、不同温度下热解，制备Ni/NiO–N–C–T系列催化剂，探究其对于UOR和MOR的催化活性与稳定性，以及在不同热解温度下得到的活性组分与催化活性之间的关系。

（3）选取PPSH水凝胶为碳源前驱体，将其浸泡在一定浓度的$NiCl_2$溶液中数小时，冷冻干燥后得到$NiCl_2$@PPSH，将其在N_2气氛中、不同温度下热解，制备得到Ni/S–C@T系列催化剂，探究其对于UOR和MOR的催化活性与稳定性，以及催化剂的结构与性能之间的关系。

实验材料、方法

2.1 实验试剂

表2-1为实验所使用的试剂。

表2-1　实验试剂

试剂	纯度/规格
PVA	醇解度99%，聚合度1799
3-氨基苯硼酸盐酸盐（ABA）	AR
KOH	AR
$CO(NH_2)_2$	AR
CH_3OH	AR

续表

试剂	纯度/规格
$NiCl_2 \cdot 6H_2O$	AR
过硫酸铵（APS）	AR
苯胺（AN）	AR
浓HCl	AR
三氯化铁（$FeCl_3$）	AR
3，4-乙烯二氧噻吩（EDOT）	AR
CH_3CH_2OH	AR
二甲基亚砜（DMSO）	AR
亲水性碳布	厚度0.32 mm
浓HNO_3	AR
浓$NH_3 \cdot H_2O$	AR

在以上试剂中，AN需要进一步经过减压蒸馏预处理变为纯净的AN，其余试剂均为分析纯（AR），不需经过进一步处理即可直接用于实验。

2.2　实验仪器

表2-2为实验过程中所使用的仪器。

表2-2　实验仪器

仪器	规格/型号
X射线衍射仪	Rigaku D/max-2500 PC
冷冻干燥机	Scientz-10N Lyophilizer
单通道移液器	TopPette
超声波清洗器	KM-500DE
恒温鼓风干燥箱	DHG-9076A
集热式恒温加热磁力搅拌器	DF-101S
电化学工作站	CHI660E
扫描电子显微镜	Zeiss Supra55
透射电子显微镜	JEM-F200
热重分析仪	STA 2500
激光拉曼光谱仪	Renishaw inVia
X射线光电子能谱仪	Thermo Scientific ESCALAB 250Xi
电子分析天平	ME104
饱和甘汞电极	232
可控气氛管式电阻炉	SGM·T100/13A

2.3 材料的表征

2.3.1 热重分析

在程序控温条件下测量材料质量随时间或温度变化的关系称为热重分析，用于研究材料的热稳定性。本书使用STA 2500型热重分析仪，升温速率为10 ℃·min^{-1}，测试的温度范围为30～800 ℃。

2.3.2 X射线衍射分析

X射线衍射分析是一种简单、有效的鉴别结晶物质的物相实验方法，该方法通常使用谢乐（Scherrer）公式来计算晶粒尺寸：

$$D = k\lambda / \beta \cos\theta \qquad (2\text{--}1)$$

其中D为材料中晶粒的平均尺寸，nm；k为Scherrer常数，若β为衍射峰的半高宽，则$k=0.89$，若β为衍射峰的积分高宽，则$k=1$；λ为X射线的波长；β为实测样品衍射峰半峰宽，需要进行双线校正和仪器因子校正，rad；θ为布拉格衍射角，rad。

本书所采用的表征仪器是Rigaku D/max–2500 PC型X射线衍射

仪。其中以Cu靶Kα射线作为发射源，扫描量程为10°~90°，波长为
1.5406 Å。

2.3.3 扫描电子显微镜分析

通过扫描电子显微镜可以获得所表征材料的表面形貌、结构和成
分等信息，同时不损伤和不污染原始样品。扫描电子显微镜是一种用
于微区形貌分析的高分辨率的大型精密仪器，其附带的能量色散X射
线谱（EDS）分析功能可以分析材料表面的元素分布情况。

2.3.4 透射电子显微镜分析

采用透射电子显微镜可以对材料的内部形貌进行细致的观测、分
析，其附带选区电子衍射（SAED）功能，可以对材料的物相、结构、
晶体学特征和晶体缺陷等信息进行分析。本书所采用的JEM-F200型
透射电子显微镜的加速电压为200 kV。

2.3.5 激光拉曼光谱分析

激光拉曼光谱分析属于一种振动光谱技术。拉曼光谱测量的是非
弹性散射，是分子极化率改变的结果。本书采用的激光拉曼光谱仪型

号为Renishaw inVia，入射光波长为532 nm。

2.3.6 X射线光电子能谱分析

X射线光电子能谱分析可以体现样品表面、微小区域和深度分布等方面的信息，是电子材料与元器件显微分析中的一种先进技术。本书采用的X射线光电子能谱仪的型号为Thermo Scientific ESCALAB 250Xi，测试选用Al靶。

2.4　电化学测试方法

本书所采用的电化学工作站的型号为CHI660E，采用循环伏安法、电化学阻抗测试、i–t测试等方法进行电化学测试。

2.4.1 循环伏安法

循环伏安法是一种常见的电化学测试方法。采用该方法在一定的扫描速率下进行一次或多次扫描，可得到电流随电压变化的曲线，即CV曲线，根据CV曲线的积分面积、形状和峰值电流等可得到电化学反应过程中的可逆程度等信息，通过循环测试来表征材料的电化学稳定性。

2.4.2　计时电流法

通常，采用计时电流法可以在恒定电压下得到电流随时间变化的曲线，即CA曲线。CA曲线上的电流大小可以反映电极的电化学性能，电流随时间衰减的程度可以体现电极催化反应的稳定性。

2.4.3　电化学阻抗测试

电化学阻抗测试结果体现为电化学阻抗谱（EIS），EIS一般由高频区的半圆和低频区呈一定角度（45°左右）的直线组成。通过电化学阻抗测试可以得到电极的内阻R、电极材料与电解液之间的接触电阻R_s、电极材料与电解液之间的电荷转移电阻R_{ct}、瓦尔堡阻抗Z_w等一系列参数，用来评价电极材料的电容性能。本书电化学阻抗测试中设置的参数是：交流电频率均为0.01 Hz～100 kHz，振幅均为5 mV，测试电压选用开路电压。

Ni/N-C复合物的制备及其电催化氧化CH$_3$OH、CO（NH$_2$）$_2$性能研究

3.1	引言

　　作为一种便携式能源供应装置，DMFC和DUFC因启动温度低、能效高、污染物排放少而引起了研究者的广泛关注。决定DMFC和DUFC能效高低的关键因素是MOR与UOR，即DMFC和DUFC的阳极反应。通常，在以上两种燃料电池中需要用贵金属（如Pt和Ru）基催化剂来提高催化MOR和UOR的性能。然而，由于贵金属基催化剂成本高，且抗CO中毒性差，因此其广泛应用受到了限制。所以，迫切需要开发一种廉价、催化活性高、抗毒性好（比如抗CO中毒性好）、可

替代贵金属基催化剂用于MOR、UOR的阳极催化剂。

镍基催化剂（如镍金属、镍的化合物）已被证明是廉价且对于MOR和UOR有效的电催化剂。镍基催化剂通常与导电添加剂混合使用，从而促进电催化剂和电极之间的电子转移。碳材料（比如石墨烯、炭黑、碳纳米管）具有较大的比表面积以及较高的导电性和稳定性，经常作为镍基催化剂的导电添加剂。然而，由于碳材料与镍金属、镍的化合物之间缺乏配位位点，因此它们之间的相互作用很弱。而在碳材料中掺杂杂原子（O、N和S原子）可以有效增强镍基催化剂和碳基质之间的相互配位作用，不仅可以调节镍基催化剂的催化活性，增强电子转移动力学效应，而且可以保护镍基催化剂，增强其稳定性。

PANI制备简单，易合成，价格低廉，具有较高的电化学活性和较好的耐腐蚀性，是一种被广泛研究的导电高分子。马明明等人制备了一种具有良好动态网状结构的PPH水凝胶作为柔性超级电容器的电极材料，其具有优异的电化学性能。同时，他们证明钴纳米晶、镍纳米晶可以作为水裂解的活性电催化剂。在N_2气氛中热解PPH水凝胶可以得到含氮的多孔碳材料，若将催化活性物质负载于水凝胶上，则可得到镍基/氮掺杂的碳复合物。

在本章中，我们通过热解均匀负载$NiCl_2$的PPH水凝胶制备一种镍纳米晶嵌入氮掺杂碳基质的复合物，即Ni/N-C复合物。我们系统地优化了制备催化剂的实验条件（如浸泡时间、$NiCl_2$溶液的浓度和热解温度），并对制备得到的催化剂做了一系列的化学结构、形貌表征，测试了其作为催化剂催化MOR和UOR的电化学性能，探讨了催化剂结构与性能之间的关系。

3.2 实验部分

3.2.1 PPH的制备

称取2.282 g APS溶于5 mL去离子水中得到溶液A。称取 0.0364 g（0.21 mmol）ABA溶于835 μL 6 mol·L⁻¹的HCl溶液中，依次向2 mL PVA（10%）溶液中加入上述溶液、274 μL（3 mmol）AN和241 μL去离子水，在55 ℃水浴加热条件下搅拌30 min至溶液澄清，标记为溶液B，将其置于冰水浴中冷却至0 ℃。向溶液B中逐滴加入1.65 mL 溶液A后快速搅拌均匀，待溶液颜色由无色开始变为绿色时，用单通道移液器将溶液转移至自制的长方形模具中，在常温下避光放置，聚合反应12 h后得到聚合物薄膜。在这个反应过程中，APS为氧化剂，HCl为反应介质，反应物中ABA与AN的物质的量比为0.07∶1，AN与APS的物质的量比为1∶1.10。PPH的制备过程如图3–1所示。

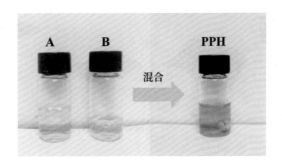

图3–1　PPH的制备过程

3.2.2 Ni/N−C复合物的制备

将制备的聚合物薄膜用去离子水反复冲洗干净，将其置于 1 mol·L⁻¹的NH₃·H₂O中浸泡5 h，使AN去掺杂变为本征态PANI后，用去离子水冲洗3次，置于不同浓度（1 mol·L⁻¹、3 mol·L⁻¹、5 mol·L⁻¹、7 mol·L⁻¹）的NiCl₂溶液中浸泡不同时间（6 h、12 h、18 h、24 h），取出并用去离子水洗净后，用冷冻干燥机将其冷冻干燥10 h后得到NiCl₂@PPH，将其置于可控气氛管式电阻炉中，在N₂气氛中以 2 ℃·min⁻¹的升温速率从室温升至不同温度（400 ℃、500 ℃、600 ℃）进行热解，恒温热解2 h后自然冷却至室温，得到三种催化剂，分别命名为Ni/N−C@400、Ni/N−C@500和Ni/N−C@600。以Ni/N−C@500为例，Ni/N−C复合物的制备过程如图3−2所示，不同阶段的PPH膜片实物照片如图3−3所示。

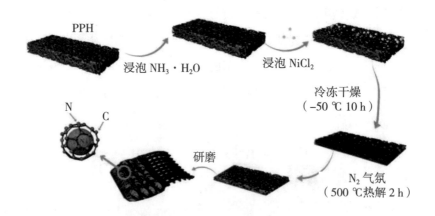

图3-2 Ni/N−C复合物的制备过程

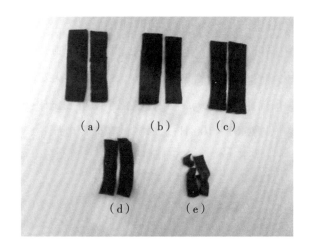

图3-3　不同阶段的PPH膜片

注：（a）为制备好的PPH水凝胶；（b）为浸泡NH$_3$·H$_2$O后；（c）为吸收NiCl$_2$后；

（d）为冷冻干燥后；（e）为热解后。

3.2.3　电化学测试

采用三电极体系进行电化学测试，由于制备的催化剂是粉末状的，因此需要涂抹在碳布上作为工作电极。碳布在使用前需经过亲水化预处理，即将一定大小（3 cm×4 cm）的碳布浸没在浓HNO$_3$中3 d，之后分别用去离子水和无水乙醇各冲洗3次，每次20 min，然后置于真空干燥箱中60 ℃过夜烘干。称取3 mg制备的催化剂置于牛角管中，用20 μL无水乙醇和10 μL去离子水作为分散剂加入牛角管中，超声15 min使催化剂分散均匀。用单通道移液器吸取10 μL悬浮液滴涂到处理好的碳布（0.5 cm×1.5 cm）上，催化剂滴涂的面积为0.25 cm^2，放入60 ℃烘箱烘干后即得到制备好的工作电极。对电极和参比电极分别使用不锈钢片（3 cm×4 cm）与饱和甘汞电极。

本章采用循环伏安法、电化学阻抗测试、$i\text{--}t$测试等方法对催化剂材料的电化学性能进行测试、表征。其中循环伏安法的电势窗口为0～0.6 V，扫描速率为50 mV·s^{-1}；电化学阻抗测试中交流电压的振幅为5 mV，频率为0.01～100 Hz；$i\text{--}t$测试在固定电压1.0 V（vs. RHE）或0.6 V（vs. SCE）下进行，测试时间为12 h。

3.3 结果与讨论

3.3.1 结构与形貌表征

为了优化催化剂的性能，本章设计了一系列的对比实验。方案一：将PPH膜片浸泡在不同浓度（1 mol·L^{-1}、3 mol·L^{-1}、5 mol·L^{-1}和7 mol·L^{-1}）的NiCl$_2$溶液中，浸泡时间暂定为18 h，热解温度暂定为500 ℃。方案二：将PPH膜片在5 mol·L^{-1}的NiCl$_2$溶液中浸泡不同时间（6 h、12 h、18 h、24 h），热解温度暂定为500 ℃。方案三：依据前驱体的TGA曲线设定不同的样品热解温度。对PPH进行冷冻干燥处理是为了在脱除水分的同时保留水凝胶自身的多孔网状结构。采用浸渍法使PPH负载NiCl$_2$之后，在N$_2$气氛中热解，即可将Ni^{2+}还原得到镍纳米晶，同时炭化水凝胶，从而制备镍纳米晶/氮掺杂的碳复合物（Ni/N–C@T）。

3.3.1.1 热重分析

为了确定材料适宜的热解温度，本章对NiCl$_2$@PPH进行热重分析。如图3-4（a）所示，在N$_2$气氛中，升温速率为10 ℃·min^{-1}。对TGA曲线求一阶导数得到DTG曲线，如图3-4（b）所示，有3个主要的失重（质量损失）阶段：第一个失重阶段为180~350 ℃，主要归因于聚合物（PANI和PVA）的分解；第二个失重阶段为400~500 ℃，在这一阶段主要发生的反应是NiCl$_2$还原为镍纳米晶；第三个失重阶段为650~800 ℃，曲线平缓下降，这个过程对应于氮掺杂碳材料结构的重排。因此，我们选择400 ℃、500 ℃和600 ℃作为热解温度，将在相应热解温度下得到的样品分别命名为Ni/N–C@400、Ni/N–C@500和Ni/N–C@600。

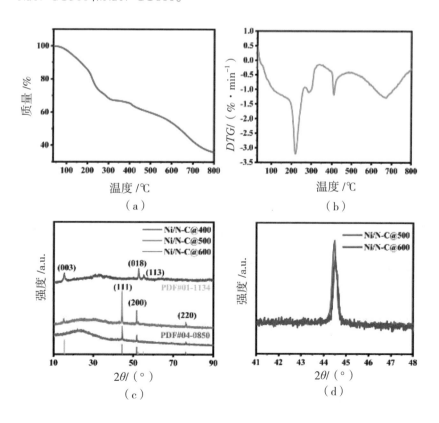

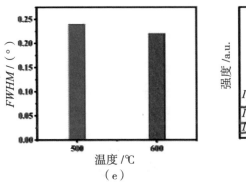

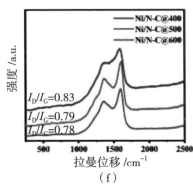

图3-4　各样品的分析结果

注：（a）为NiCl₂@PPH的TGA曲线；（b）为NiCl₂@PPH的DTG曲线；
（c）为不同样品的XRD谱图；（d）和（e）分别为Ni/N–C@500、Ni/N–C@600
（111）峰的比较，$FWHM$为半峰全宽；（f）为不同样品的拉曼光谱。

3.3.1.2　结构表征

经过X射线衍射分析可得到不同样品的XRD谱图，如图3-4（c）
所示。对于样品Ni/N–C@400，3个衍射峰位于15.5°、52.6°和55.1°处，
分别对应于NiCl₂的（003）、（018）和（113）晶面（PDF#01–1134），
证明在400 ℃热解后，NiCl₂尚未完全分解，依然残留在样品中。对于
样品Ni/N–C@500和Ni/N–C@600，衍射峰位于44.5°、51.8°和76.4°处，
分别对应于面心立方结构单质Ni的（111）、（200）和（220）晶面
（PDF#04–0850）。此外，对于样品Ni/N–C@500，在15.5°和52.6°处依
然存在较小的衍射峰，证明样品中含有少量的NiCl₂。位于15°～40°处
的宽衍射峰证明了无定形碳材料的存在。随着热解温度的升高，宽
峰变窄，证明产生了更多有序的sp²富碳结构。为了对比不同样品的
镍纳米晶尺寸大小，我们对衍射峰位于44.5°处的单质Ni的（111）晶
面进行比较，如图3-4（d）、图3-4（e）所示，Ni/N–C@500的半峰全

宽明显大于Ni/N–C@600。根据谢乐公式计算可得，样品Ni/N–C@500和Ni/N–C@600中镍纳米晶的平均尺寸分别为17.4 nm、19.8 nm。由以上结果可知，在400 ℃热解后，$NiCl_2$尚未完全分解，热解温度高于400 ℃时，部分$NiCl_2$会还原为镍纳米晶，而且催化剂中活性组分镍纳米晶的尺寸随着热解温度的升高而逐渐增大。

3.3.1.3 拉曼光谱分析

我们通过拉曼光谱来表征Ni/N–C复合物中碳材料的结构，如图3-4（f）所示，拉曼光谱带位于1350 cm⁻¹、1580 cm⁻¹处的两个峰分别代表结构缺陷/无序度的D峰和sp²杂化的非晶碳骨架的G峰。随着热解温度的升高，D峰与G峰的强度比I_D/I_G下降（Ni/N–C@400、Ni/N–C@500、Ni/N–C@600的I_D/I_G值分别为0.83、0.79和0.78），同时，位于1580 cm⁻¹处的拉曼光谱带变尖，证明随着热解温度的升高，形成了更多有序的sp²富碳结构。拉曼光谱分析结果与上述在不同温度下制备出的样品的X射线衍射分析结果相吻合。

3.3.1.4 形貌表征

我们通过扫描电子显微镜和透射电子显微镜来观测样品Ni/N–C@500的形貌特征，得到SEM图像和TEM图像。如图3-5（a）、图3-5（b）所示，Ni/N–C@500呈现出一种多孔层状结构，这种结构有利于催化反应过程中电解液的扩散和渗透。如图3-5（c）所示，镍纳米晶被镶嵌在氮掺杂的碳基质中。由选区衍射图像可以看出，样品Ni/N–C@500中的镍纳米晶主要以单晶形式存在。同时，如图3-5（d）所示，由高分辨透射电子显微镜（HRTEM）图像可知，材料中出现的0.246 nm、0.286 nm和0.409 nm清晰的晶格间距分别对应于面心立方结构单质Ni的（111）、（200）、（220）晶面。上述选区衍射图像和TEM图像的结果与Ni/N–C@500的X射线衍射分析结果非常吻合。如图3–5（e）所示，样品Ni/N–C@500的EDS分析结果表明，Ni/N–C@500中C、N、O和Ni四种元素均匀分布，且其原子比C∶N∶O∶Ni=85.93∶5.85∶6.41∶1.59，如图3–6所示。

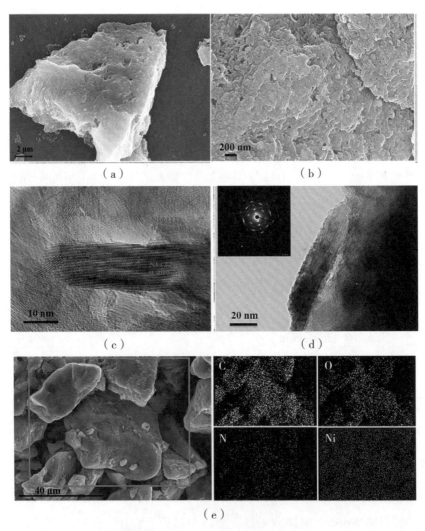

（a） （b）

（c） （d）

（e）

图3–5　Ni/N–C@500的形貌表征结果

注：（a）和（b）为SEM图像；（c）为TEM图像，其中的插图是选区衍射图像；

（d）为HRTEM图像；（e）为SEM–EDS元素映射图像。

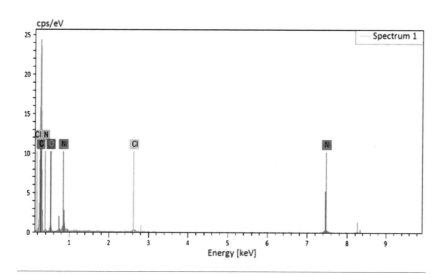

Spectrum 1

ELEMENT	ATOMIC NUMBER	NET WORTH	QUAL ITY[%]	NORMA LIZED MASS [%]	ATOM
C	6	22697	78.31	78.31	85.93
O	8	859	7.78	7.78	6.41
Ni	28	815	7.06	7.06	1.59
N	7	246	6.21	6.21	5.85
Cl	17	525	0.63	0.63	0.24
		TOTAL:	100.00	100.00	100.00

图3-6 Ni/N–C@500的EDS图像

3.3.1.5 X射线光电子能谱分析

以Ni/N–C@500为例，采用X射线光电子能谱表征其表面化学组成，得到其XPS图像，如图3-7所示。如图3-7（a）所示，全谱表明Ni/N–C@500是由C、N、O和Ni元素组成的。其中，如图3-7（b）所示，

C 1s峰可以被拟合成3个小峰，对应于C—C键（284.76 eV）、C—N键（285.68 eV）和C—O键（286.15 eV）。其中，对应于C—N键的较高的峰证明氮掺杂碳材料中N元素的含量较高（5.85%）。如图3-7（c）所示，N 1s峰可以被拟合成3个小峰，分别对应于吡啶氮（398.42 eV）、吡咯氮（399.62 eV）和第四纪氮（400.65 eV）。此外，吡啶氮可以与氮掺杂碳基质中的镍纳米晶配位。吡啶氮可以作为活性位点增强对MOR、UOR的催化活性。如图3-7（d）所示，O 1s峰可以被拟合成3个小峰，分别对应于Ni—O键（531.66 eV）、C—O键（532.47 eV）以及物理吸附水分子（533.77 eV）。Ni/N–C@500中氧含量较高（6.41%）归因于它的高亲水性，而对于一个有效的催化剂而言，亲水性是非常重要的。如图3-7（e）所示，Ni 2p峰可以被拟合成2个主峰，即Ni 2p3/2（856.7 eV）和Ni 2p1/2（874.3 eV），以及2个卫星峰Sat.（862.3 eV和880.6 eV），证明Ni/N–C@500表面的镍纳米晶被氧化成Ni^{2+}和Ni^{3+}。

基于镍复合物标准的X射线光电子能谱数据，Ni 2p3/2（856.7 eV）及Ni 2p1/2（874.3 eV）的结合能相较于典型NiO的Ni 2p3/2（853.7 eV）和Ni 2p1/2（871.4 eV）发生了正向移动。与典型NiO的卫星峰（860.6 eV和877.9 eV）相比，样品的卫星峰正向移动了2~3 eV，主要是由于在样品表面，镍主要以Ni^{3+}的形式存在，而这有利于CH_3OH和$CO（NH_2）_2$的电催化氧化反应。此外，已有研究成果表明，在Ni_xO中标准Ni^{3+}的2p3/2、2p1/2结合能在855.5 eV和873.3 eV处，制备的催化剂相较于镍的氧化物的标准峰位置正向移动1.0~1.2 eV，进一步证明合成的催化剂表面的镍物种比典型Ni_xO中的Ni^{3+}带有更多的正电荷，因此它具有较高的CH_3OH、$CO（NH_2）_2$电催化氧化活性。值得一提的是，Ni^{3+}物种通常不稳定，但是镍纳米晶表面的Ni^{3+}物种可以与复合物中的N原子和O原子配位，从而使其固定并嵌入氮掺杂碳基质中。

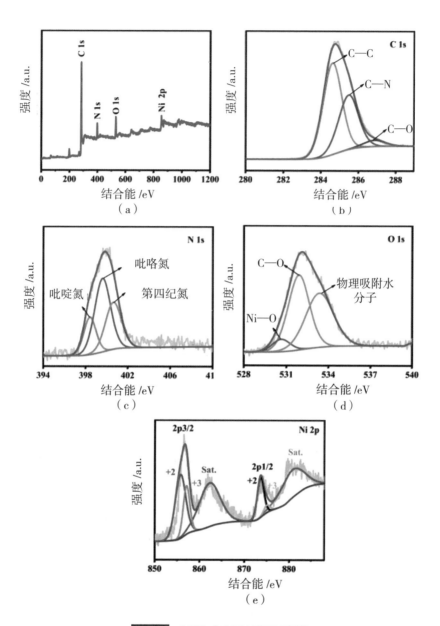

图3-7　Ni/N–C@500的XPS图像

注：（a）为全谱；（b）为C 1s光谱；（c）为N 1s光谱；

（d）为O 1s光谱；（e）为Ni 2p光谱。

3.3.2 电催化氧化CH₃OH性能研究

通过优化实验（如调整PPH膜片在NiCl₂溶液中浸泡的时间、NiCl₂溶液的浓度以及前驱体的热解温度）探索对于电催化氧化CH₃OH而言最优的Ni/N-C复合物的制备条件。对于每次优化实验而言，只改变其中一个实验参数，其余参数保持固定。将制备的Ni/N-C复合物研磨成粉末之后负载在碳布上作为工作电极。

根据在$1 \ mol \cdot L^{-1}$KOH溶液和$1 \ mol \cdot L^{-1}$CH₃OH溶液组成的电解液中进行测试所得的CV曲线测试MOR催化活性。NiCl₂@PPH热解温度暂定为500 ℃，NiCl₂溶液的浓度固定为$5 \ mol \cdot L^{-1}$，如图3-8（a）所示：浸泡12 h制备的Ni/N-C复合物在电压为0.6 V（vs. SCE）时的电流密度为$111 \ mA \cdot cm^{-2}$；当浸泡时间延长到18 h后，电流密度增大到$147 \ mA \cdot cm^{-2}$；当浸泡时间继续延长到24 h和30 h后，样品在相同电压［0.6 V（vs. SCE）］下对应的电流密度较小，分别为$67 \ mA \cdot cm^{-2}$和$12 \ mA \cdot cm^{-2}$。当PPH膜片浸没在NiCl₂溶液中时，Ni^{2+}会逐渐扩散到PPH水凝胶网络中与中间氧化态苯胺绿中的N原子进行配位。当浸泡时间较短时，没有足够的Ni^{2+}负载在PPH水凝胶上，延长浸泡时间后，负载的Ni^{2+}会达到饱和，而若PPH在NiCl₂溶液中浸泡得太久，则其结构会被破坏。因此，浸泡时间固定为18 h，NiCl₂溶液的浓度在$1 \sim 7 \ mol \cdot L^{-1}$范围内变化，从而寻找性能最优的浓度。如图3-8（b）所示，随着NiCl₂溶液浓度的增大，制备的催化剂对于MOR的催化活性提高，并在NiCl₂溶液浓度为$5 \ mol \cdot L^{-1}$时达到最高。然而，在高浓度（$7 \ mol \cdot L^{-1}$）的NiCl₂溶液中浸泡18 h后制备的催化剂对于MOR的催化活性反而降低。以上结果表明，Ni^{2+}与 PPH膜片配位时，在不同的浸泡时间和NiCl₂溶液浓度下会有一个最优的Ni^{2+}浓度与浸泡时间，根据实验数据可得，室温下PPH在$5 \ mol \cdot L^{-1}$ NiCl₂溶液中浸泡18 h后在N₂气氛中500 ℃下热解制备的催化剂电催化氧化CH₃OH的性能最优。

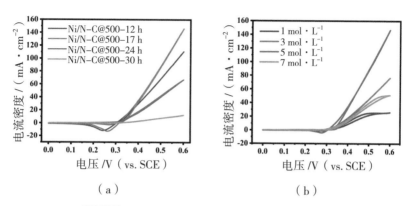

（a）   （b）

图3-8   不同实验条件下Ni/N–C@500的CV曲线

注：（a）为在5 mol·L⁻¹的NiCl₂溶液中浸泡不同时间的CV曲线；（b）为在不同浓度NiCl₂溶液中浸泡18 h的CV曲线。CV曲线在1 mol·L⁻¹ KOH溶液和1 mol·L⁻¹ CH₃OH溶液组成的电解液中、扫描速率为50 mV·s⁻¹条件下测定。

根据TGA曲线数据得到实验设定的3个热解温度为400 ℃、500 ℃和600 ℃，分别将对应得到的样品命名为Ni/N–C@400、Ni/N–C@500和Ni/N–C@600。对上述3个样品分别在1 mol·L⁻¹的KOH溶液中进行测试得到CV曲线。如图3-9（a）所示，3个Ni/N–C复合物在1.31~1.44 V（vs. RHE）处都存在一对清晰的氧化峰和还原峰，这对应于Ni²⁺/Ni³⁺氧化还原对。如式（3–1）、式（3–2）和式（3–3）所示，镍纳米晶在碱性介质中先被氧化成Ni（OH）₂，进一步被氧化成NiOOH，即作为MOR的活性位点，氧化CH₃OH后自身被还原成Ni（OH）₂。Ni（OH）₂与NiOOH之间的相互转换贯穿整个CH₃OH氧化过程。

$$Ni + 2OH^- \rightarrow Ni(OH)_2 + 2e^- \qquad (3–1)$$

$$Ni(OH)_2 + OH^- \rightarrow NiOOH + H_2O + e^- \qquad (3–2)$$

$$OH^- + 4NiOOH + CH_3OH \rightarrow 4Ni(OH)_2 + HCOO^- \qquad (3–3)$$

镍基/碳复合物的制备及其电催化性能研究

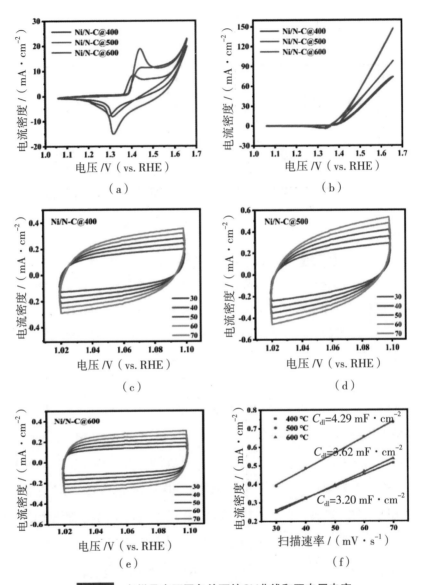

图3-9 各样品在不同条件下的CV曲线和双电层电容

注:(a)为在1 mol·L^{-1} KOH溶液中的CV曲线;(b)为在1 mol·L^{-1} KOH溶液和
1 mol·L^{-1} CH$_3$OH溶液中的CV曲线;(c)为Ni/N–C@400的CV曲线;(d)为
Ni/N–C@500的CV曲线;(e)为Ni/N–C@600在1 mol·L^{-1} KOH溶液中、不同扫
描速率(单位为mV·s^{-1})下的CV曲线;(f)为Ni/N–C复合物的双电层电容〔在
固定电压为1.06 V(vs. RHE)下测量电流密度〕。

60

3个样品CV曲线的积分面积排序为Ni/N–C@500>Ni/N–C@600>Ni/N–C@400，证明Ni/N–C@500具有最大的比电容。3个样品在1.66 V（vs. RHE）的电压下呈现相似的电流密度，证明它们在$1\ mol\cdot L^{-1}$的KOH溶液中对H_2O氧化的反应是相似的。在$1\ mol\cdot L^{-1}$的KOH溶液中加入$1\ mol\cdot L^{-1}$的CH_3OH后，如图3-9（b）所示，在1.26～1.51 V（vs. RHE）处的氧化还原峰消失了，阳极峰电流密度为$70\sim140\ mA\cdot cm^{-2}$，远远大于电解液中不含$CH_3OH$时的$20\ mA\cdot cm^{-2}$。3个样品阳极峰的电流密度排序为Ni/N–C@500 >Ni/N–C@600 > Ni/N–C@400，相较于样品Ni/N–C@400和Ni/N–C@600在1.66 V（vs. RHE）电压下的电流密度（$73.5\ mA\cdot cm^{-2}$和$97.6\ mA\cdot cm^{-2}$），Ni/N–C@500对于MOR有最大的电流密度（$147\ mA\cdot cm^{-2}$），表现出对于MOR有最高的催化活性。

为了探究Ni/N–C@500对于MOR有高催化活性的原因，在电压为1.02~1.10 V（vs. RHE）时根据不同扫描速率下的CV曲线计算得到Ni/N–C复合物的电化学活性比表面积（$ECSA$）。电化学活性比表面积的计算公式为$ECSA=C_{dl}/C_s$，其中C_{dl}代表电极材料的双电层电容，C_s代表碱性电解液的比电容（对于KOH而言，比电容值为0.02~0.06 $mF\cdot cm^{-2}$，这里取值为0.04 $mF\cdot cm^{-2}$）。如图3-9（c）至图3-9（e）所示，Ni/N–C复合物的CV曲线呈矩形，证明在该电压范围内属于非法拉第反应过程。如图3-9（f）所示，Ni/N–C@400、Ni/N–C@500和Ni/N–C@600的双电层电容C_{dl}分别为3.20 $mF\cdot cm^{-2}$、4.29 $mF\cdot cm^{-2}$和3.62 $mF\cdot cm^{-2}$，即Ni/N–C@500>Ni/N–C@600>Ni/N–C@400，这个排序结果与图3-9（b）一致。随着热解温度的升高（从400 ℃升高到500 ℃），更多的氮掺杂碳材料和镍纳米晶形成，导致电化学活性比表面积以及MOR催化性能提高。当热解温度继续从500 ℃升高到600 ℃时，镍纳米晶颗粒逐渐长大，氮掺杂碳材料中的氮含量可能会降低，导致电化学活性比表面积以及MOR催化性能降低。因此，具有较大的电化学比表面积是Ni/N–C@500MOR催化性能较强的一个主要原因。如表3-1所示，Ni/N–C@500催化MOR的性能优于相关文献中报道的镍基催化剂。

表3-1　Ni/N–C@500催化剂与相关文献中报道的镍基催化剂性能对比

催化剂	电压（vs. RHE）	电流密度	电解液	参考文献发表年份
NiO NT–400	1.50 V	$24.3 \ mA \cdot cm^{-2}$ $85.9 \ A \cdot g^{-1}$	$1 \ mol \cdot L^{-1} \ KOH +$ $0.5 \ mol \cdot L^{-1} \ CH_3OH$	2019[88]
Mn–Ni（OH）$_2$	1.55 V	$16.4 \ A \cdot g^{-1}$	$1 \ mol \cdot L^{-1} \ KOH +$ $0.5 \ mol \cdot L^{-1} \ CH_3OH$	2019[81]
V_0–rich NiO nanosheets	1.50 V	$85.3 \ mA \cdot cm^{-2}$	$1 \ mol \cdot L^{-1} \ KOH +$ $0.5 \ mol \cdot L^{-1} \ CH_3OH$	2019[82]
Ni/3D–graphene	1.60 V	$64.6 \ mA \cdot cm^{-2}$	$1 \ mol \cdot L^{-1} \ KOH +$ $0.75 \ mol \cdot L^{-1} \ CH_3OH$	2017[98]
Ni/N–C@500	1.55 V	$101.0 \ mA \cdot cm^{-2}$ $99.8 \ mA \cdot cm^{-2}$ $31.2 \ A \cdot g^{-1}$	$1 \ mol \cdot L^{-1} \ KOH +$ $1 \ mol \cdot L^{-1} \ CH_3OH$ $1 \ mol \cdot L^{-1} \ KOH +$ $0.5 \ mol \cdot L^{-1} \ CH_3OH$ $1 \ mol \cdot L^{-1} \ KOH +$ $0.5 \ mol \cdot L^{-1} \ CH_3OH$	本书

我们进一步研究了样品Ni/N–C@500在不同电解液中的电化学性能。在$1 \ mol \cdot L^{-1}$KOH溶液中，扫描速率从$10 \ mV \cdot s^{-1}$增大到$200 \ mV \cdot s^{-1}$，得到的CV曲线如图3-10（a）所示，可以看出随着扫描速率的不断增大，阳极峰位置发生正向移动，阴极峰位置发生负向移动。如图3-10（a）中插图所示，氧化峰电流密度与扫描速率的平方根呈较好的线性关系，证明Ni^{2+}/Ni^{3+}氧化还原对之间具有较好的可逆性。相反，如图3-10（b）所示，在$1 \ mol \cdot L^{-1}$ KOH溶液和$1 \ mol \cdot L^{-1}$ CH_3OH溶液中，随着扫描速率的增大，电流密度仅仅增大了一点，证实对于样品Ni/N–C@500，MOR不是扩散控制过程。以上结果与已有文献报道的用于MOR的镍基催化剂相吻合。

3 Ni/N–C复合物的制备及其电催化氧化CH$_3$OH、CO（NH$_2$）$_2$性能研究

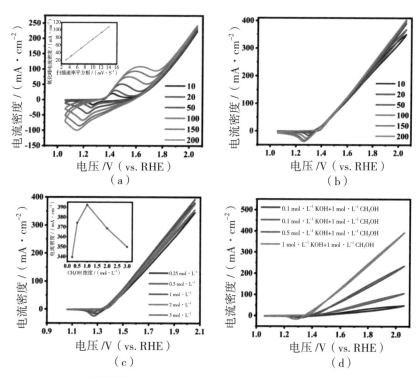

图3-10 Ni/N–C@500在不同条件下的CV曲线

注：（a）为在1 mol·L^{-1} KOH溶液中的CV曲线；（b）为在1 mol·L^{-1} KOH溶液和1 mol·L^{-1} CH$_3$OH溶液中、不同扫描速率（10~200 mV·s^{-1}）下的CV曲线；（a）中的插图显示了氧化峰电流密度与扫描速率平方根之间的关系；（c）为在1 mol·L^{-1} KOH溶液与不同浓度（0.25~3 mol·L^{-1}）CH$_3$OH溶液中的CV曲线（扫描速率为50 mV·s^{-1}）；（c）中的插图显示了氧化峰电流与不同CH$_3$OH浓度之间的关系；（d）为在1 mol·L^{-1} CH$_3$OH溶液与不同浓度（0.1~1 mol·L^{-1}）KOH溶液中的CV曲线（扫描速率为50 mV·s^{-1}）。

Ni/N–C@500在1 mol·L^{-1}KOH溶液与不同浓度（0.25～3 mol·L^{-1}）CH$_3$OH溶液中的CV曲线如图3-10（c）所示，电流密度随着CH$_3$OH浓度的增大而增大，在CH$_3$OH浓度为1 mol·L^{-1}时达到顶峰，之后随着电解液中CH$_3$OH浓度的增大，电流密度减小。初始电流密度的增大缘于电解液中CH$_3$OH浓度的增大，然而，在高浓度（大于1 mol·L^{-1}）

的CH₃OH溶液中，电流密度反而减小，这是由电解液中离子电导率下降导致的。我们同时得到了Ni/N–C@500在CH₃OH溶液浓度固定为1 mol·L⁻¹时在不同浓度（0.1~1 mol·L⁻¹）KOH溶液中的CV曲线，如图3-10（d）所示，电流密度随着KOH溶液浓度的增大而增大。因此，我们选择1 mol·L⁻¹ KOH溶液和1 mol·L⁻¹ CH₃OH溶液作为后续催化氧化CH₃OH电化学测试的电解液。

尽管在1 mol·L⁻¹ KOH溶液和1 mol·L⁻¹ CH₃OH溶液中测试得到的CV曲线中没有看到明显的氧化还原峰，但去除在1 mol·L⁻¹ KOH溶液中测试得到的CV曲线后，由图3-11（a）可以观察到，电流密度在电压为1.76~1.86 V（vs. RHE）时达到最大，对应于CH₃OH的氧化峰。作为对比，我们将在相同条件下没有浸泡NiCl₂溶液制备的样品N–C@500置于1 mol·L⁻¹ KOH溶液和1 mol·L⁻¹ CH₃OH溶液中进行循环伏安测试，如图3-11（b）所示，可以看出电压为1.6 V（vs. RHE）时的电流密度小于6 mA·cm⁻²，证实了氮掺杂碳材料不是氧化CH₃OH的活性物质。

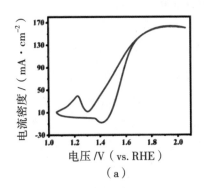
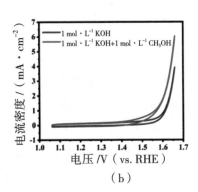

图3-11 Ni/N–C@500与N–C@500的CV曲线

注：（a）为Ni/N–C@500在1 mol·L⁻¹ KOH溶液和1 mol·L⁻¹ CH₃OH溶液中的CV曲线去除在1 mol·L⁻¹ KOH溶液中的CV曲线（扫描速率为50 mV·s⁻¹）；（b）为N–C@500在1 mol·L⁻¹ KOH溶液和1 mol·L⁻¹ CH₃OH溶液中的CV曲线。

在MOR过程中不可避免地会产生CO，因此非贵金属基催化剂的催化活性会受到CO的强烈干扰，因此电催化剂应该具有较高的抗

CO中毒性。为了测试催化剂的抗CO中毒性，我们在1 mol·L⁻¹ KOH溶液和1 mol·L⁻¹ CH₃OH溶液中用循环伏安法进行分析，在新配制的1 mol·L⁻¹ KOH溶液和1 mol·L⁻¹ CH₃OH溶液中，以较低流速通入CO气体10 min，在电化学测试过程中，保持CO气体的缓慢通入，上述溶液为CO饱和的电解液。如图3-12（a）所示，在2.06 V（vs. RHE）的电压下，从无CO的电解液到CO饱和的电解液中，电流密度从392 mA·cm⁻²减小到333 mA·cm⁻²，MOR的电流密度保留率为85%。相反，如图3-12（b）所示，Pt/C催化剂在0.832 V（vs. RHE）的电压下，电流密度从38 mA·cm⁻²减小到23 mA·cm⁻²，电流密度保留率仅为61%。显然，Ni/N–C@500在碱性介质中的抗CO中毒性优于Pt/C催化剂。

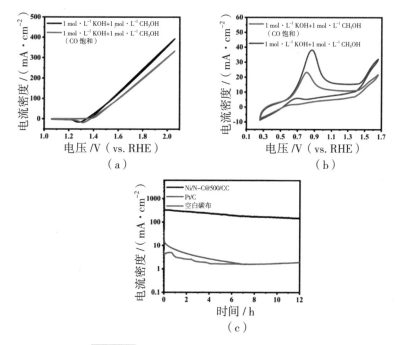

图3-12　CO中毒测试和长时间MOR结果

注：（a）、（b）分别为Ni/N–C@500和Pt/C（20%）在扫描速率为50 mV·s⁻¹时的CV曲线；（c）为在1 mol·L⁻¹ KOH溶液和1 mol·L⁻¹ CH₃OH溶液中进行长时间MOR的结果，其中Pt/C（20%）的电压为0.832 V（vs. RHE），Ni/N–C@500和空白碳布的电压为2.060 V（vs. RHE）。

为了评估催化剂对长时间MOR的稳定性，我们对Ni/N–C@500催化剂和Pt/C催化剂在一个固定的电压下，在1 mol·L⁻¹ KOH溶液和1 mol·L⁻¹ CH₃OH溶液中进行12 h的计时电流法测试，结果如图3–12（c）所示。作为对比，我们也对空白碳布电极在相同的溶液、在与Ni/N–C@500催化剂相同的电压下进行了计时电流法测试。空白碳布电极的电流密度特别小（小于5 mA·cm⁻²），证明空白碳布对于MOR是呈惰性的。由于CO气体在MOR过程中会在Pt的表面聚集，因此在测试进行到7 h的时候，Pt/C催化剂的电流密度会很快减小至与呈惰性的碳布电极相同。与之相反，Ni/N–C@500催化剂在1.0 V（vs. SCE）的电压下经过12 h的i–t测试后，电流密度从390 mA·cm⁻²减小至146 mA·cm⁻²。Ni/N–C@500催化剂电流密度减小主要是由于溶液中CH₃OH浓度降低。此外，经过12 h的i–t测试后，用扫描电子显微镜对Ni/N–C@500的形貌进行表征，结果与Ni/N–C@500的初始形貌相似。以上结果表明，Ni/N–C@500具有优异的电化学稳定性得益于自身的结构稳定性，镍纳米晶嵌入氮掺杂的碳基质中并被其保护。

对于Ni/N–C@500催化剂和Pt/C催化剂在1 mol·L⁻¹ KOH溶液及1 mol·L⁻¹ CH₃OH溶液中的稳定性，还可以采用多次循环伏安法和电化学阻抗谱进行测试。如图3–13（a）所示，经过500次循环测试后，在电压为2.06 V（vs. RHE）时，Ni/N–C@500催化剂的电流密度为初始值的87.1%。然而，当电极被放入新制的电解液（1 mol·L⁻¹ KOH溶液和1 mol·L⁻¹ CH₃OH溶液）中时，电流密度重新返回至初始值的91.9%，这表明电流密度的减小主要是由CH₃OH的消耗以及在循环测试过程中产生的中间物种覆盖活性位点所致。Ni/N–C@500催化剂的电化学阻抗测试在500次循环测试前、后进行，电解液组成为1 mol·L⁻¹ KOH溶液和1 mol·L⁻¹ CH₃OH溶液，频率为0.01 Hz~100 kHz。如图3–13（c）所示，奈奎斯特图中高频区曲线与x轴的交点即为接触电阻，在第一次循环测试前为1.30 Ω·cm²，经过500次循环测试后增

大到1.38 Ω·cm²。在低频区的直线代表瓦尔堡电阻，主要是电解液离子在电极材料中的扩散和渗透引起的。循环测试前、后两条曲线的斜率几乎相同，证明瓦尔堡电阻在循环测试前、后几乎没有发生变化。电化学阻抗测试结果证明，Ni/N–C@500催化剂经过长时间的循环测试后依然可以保持较好的导电性和较高的电催化氧化CH₃OH活性。

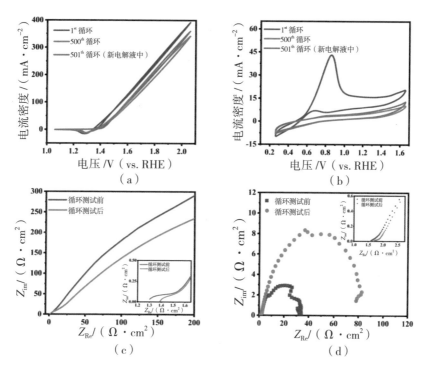

图3-13 Ni/N–C@500、Pt/C催化剂在1 mol·L⁻¹ KOH溶液和1 mol·L⁻¹ CH₃OH溶液中的电化学稳定性（扫描速率为50 mV·s⁻¹）

注：（a）和（b）分别为Ni/N–C@500、Pt/C（20%）500次循环前、后以及更换新鲜电解液后的CV曲线；（c）和（d）分别为Ni/N–C@500、Pt/C（20%）500次循环前、后的EIS（插图为高频区的放大视图）。

作为对比，我们对Pt/C催化剂也进行了500次循环伏安测试和电化学阻抗测试。如图3-13（b）所示，在电压为0.859 V（vs. RHE）时，经过500次循环测试后，电流密度减小了92.4%，将电极重新放

回新配置的电解液（1 mol·L^{-1} KOH溶液和1 mol·L^{-1} CH$_3$OH溶液）中后，Pt/C催化剂的电流密度仅仅恢复到初始值的0.09%，这证明Pt/C催化剂对于氧化CH$_3$OH已经完全失去活性。其电化学阻抗测试的条件与Ni/N–C@500相同。如图3–13（d）所示，在第一次测试和经过500次循环测试后，接触电阻从1.58 Ω·cm^{2}增大至1.67 Ω·cm^2，证明Pt/C催化剂保留了其较小的接触电阻。然而，奈奎斯特图的半圆直径从32.3 Ω·cm^{2}增大至78.0 Ω·cm^{2}表明电荷转移电阻有较大幅度的增大，这导致MOR活性的大幅降低。综上所述，长时间循环伏安测试和电化学阻抗测试都证实了Pt/C催化剂在长时间的MOR中表现出较差的稳定性。

3.3.3 电催化氧化CO（NH$_2$）$_2$性能研究

为了研究Ni/N–C复合物催化UOR的活性，我们在1 mol·L^{-1} KOH溶液和0.33 mol·L^{-1} CO（NH$_2$）$_2$溶液组成的电解液中进行循环伏安测试。NiCl$_2$@PPH在N$_2$气氛中的热解温度暂定为500 ℃，如图3–14（a）所示，当浸泡所用的NiCl$_2$溶液浓度固定为5 mol·L^{-1}时，浸泡12 h后，Ni/N–C复合物在0.6 V（vs. SCE）电压下的电流密度为178.0 mA·cm^{-2}，当浸泡时间延长到18 h后，电流密度增大到192.7 mA·cm^{-2}。然而，当浸泡时间继续延长到24 h和30 h后，样品在相同电压下对应的电流密度较小，分别为60.04 mA·cm^{-2}和30.65 mA·cm^{-2}。当PPH膜片浸没在NiCl$_2$溶液中时，Ni^{2+}会慢慢扩散到PPH水凝胶网络中与中间氧化态苯胺绿中的N原子进行配位。当浸泡时间较短时，没有足够的Ni^{2+}负载在PPH水凝胶上，延长浸泡时间后，负载的Ni^{2+}会存在一个吸附饱和的时间。我们在测试中将PPH浸泡于NiCl$_2$溶液的时间固定为18 h，NiCl$_2$溶液的浓度在1~7 mol·L^{-1}变化。

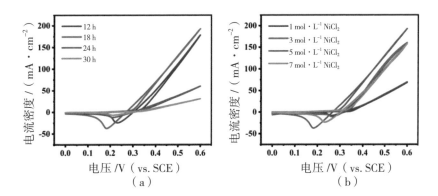

图3-14 浸泡不同时间、不同浓度NiCl₂溶液所制备Ni/N–C复合物的CV曲线

注：（a）为在5 mol·L⁻¹ NiCl₂溶液中浸泡不同时间的CV曲线；（b）为浸泡在不同浓度NiCl₂溶液中18 h的CV曲线；电解液为1 mol·L⁻¹ KOH溶液和0.33 mol·L⁻¹ CO（NH₂）₂溶液，扫描速率为50 mV·s⁻¹。

如图3-14（b）所示，随着NiCl₂溶液浓度的升高，UOR的电流密度增大，并在NiCl₂溶液浓度为5 mol·L⁻¹时达到最大。然而，对于较高浓度的NiCl₂溶液（7 mol·L⁻¹），UOR的电流密度反而减小（158.2 mA·cm⁻²）。以上结果表明，PPH膜片浸泡在NiCl₂溶液中时，在不同的浸泡时间和不同的NiCl₂溶液浓度下，对于催化剂而言，会有一个最优的Ni²⁺浓度与浸泡时间。通过电化学性能测试可以看出，在室温下，PPH膜片浸泡在5 mol·L⁻¹ NiCl₂溶液中18 h后，在N₂气氛中500 ℃下热解制备得到的催化剂具有最优的电催化氧化CO（NH₂）₂性能。

如图3-15（a）所示，对于PPH未在NiCl₂溶液中浸泡制备的催化剂N–C@500，在1 mol·L⁻¹ KOH溶液中进行循环伏安测试没有出现一对氧化还原峰，在电压为0.6 V（vs. SCE）时电流密度仅为4.12 mA·cm⁻²，在1 mol·L⁻¹ KOH溶液和0.33 mol·L⁻¹ CO（NH₂）₂溶液中，在电压为0.6 V（vs. SCE）时电流密度仅为13.12 mA·cm⁻²。如图3-15（b）所示，在电压为0.20~0.45 V（vs. SCE）时，氧化还原峰消失，阳极峰电流密度为108.5~192.7 mA·cm⁻²，远远大于在不含CO（NH₂）₂的KOH电解液中的

20 mA·cm^{-2}[图3-9（a）]。以阳极峰电流密度排序，Ni/N-C@500 > Ni/N-C@600 > Ni/N-C@400，证明Ni/N-C@500对于MOR有最高的电催化活性。样品Ni/N-C@400和Ni/N-C@600的电流密度分别为108.5 mA·cm^{-2}与182 mA·cm^{-2}，Ni/N-C@500对于MOR有最大的电流密度192.7 mA·cm^{-2}。

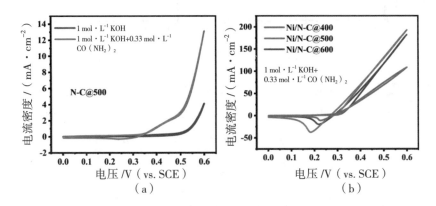

图3-15 N-C@500及Ni/N-C复合物的CV曲线

注：（a）为N-C@500 在1 mol·L^{-1} KOH溶液和1 mol·L^{-1} KOH溶液、0.33 mol·L^{-1} CO（NH$_2$）$_2$溶液中的CV曲线；（b）为在不同温度下热解得到的Ni/N-C复合物在1 mol·L^{-1} KOH溶液和0.33 mol·L^{-1} CO（NH$_2$）$_2$溶液中的CV曲线（扫描速率均为50 mV·s^{-1}）。

我们进一步探究Ni/N-C@500在浓度固定为0.33 mol·L^{-1}的CO（NH$_2$）$_2$溶液、不同浓度（0.1~1.5 mol·L^{-1}）KOH溶液中的循环伏安测试结果。如图3-16（a）所示，在电压为0.6 V（vs. SCE）时，电流密度随着KOH溶液浓度的增大而增大。同时，我们得出Ni/N-C@500在1 mol·L^{-1} KOH溶液、不同浓度（0.1~1 mol·L^{-1}）CO（NH$_2$）$_2$溶液中的CV曲线。如图3-16（b）所示，电流密度随着CO（NH$_2$）$_2$溶液浓度的增大而增大，在CO（NH$_2$）$_2$溶液浓度为0.33 mol·L^{-1}时达到顶峰，之后随着电解液中CO（NH$_2$）$_2$溶液浓度的增大而减小。起始电流密度的增大缘于电解液中CO（NH$_2$）$_2$溶液浓度的增大，然而在高浓度（大于0.33 mol·L^{-1}）的CO（NH$_2$）$_2$溶液中，电流密度减小是由电解液中的离子电导率下降导致的。因此，后续电催化氧化CO（NH$_2$）$_2$性能测试的电解液组成为1 mol·L^{-1} KOH溶液和0.33 mol·L^{-1} CO（NH$_2$）$_2$溶液。

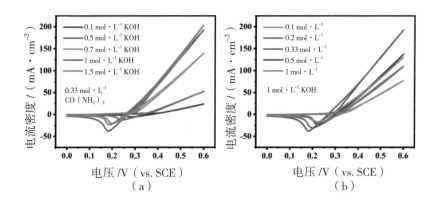

图3-16 Ni/N–C@500在不同浓度CO（NH$_2$）$_2$、KOH溶液中的CV曲线

注：（a）为在0.33 mol·L^{-1} CO（NH$_2$）$_2$溶液、不同浓度（0.1~1.5 mol·L^{-1}）KOH溶液中的CV曲线；（b）为在1 mol·L^{-1} KOH溶液与不同浓度（0.1~1 mol·L^{-1}）CO（NH$_2$）$_2$溶液中的CV曲线（扫描速率为50 mV·s^{-1}）。

为了测试Ni/N–C@500催化剂和Pt/C催化剂的长时间稳定性，我们在1 mol·L^{-1} KOH溶液和0.33 mol·L^{-1} CO（NH$_2$）$_2$溶液中进行了循环伏安测试与电化学阻抗测试。如图3-17（a）所示，经过1000次循环测试后，在电压为0.6 V（vs. SCE）时，Ni/N–C@500催化剂的电流密度减小至79.0%。电流密度的减小主要是由于CO（NH$_2$）$_2$的消耗以及在循环测试过程中产生的中间物种占据了催化活性位点。如图3-17（b）所示，我们对Ni/N–C@500催化剂在1000次循环伏安测试前、后进行了电化学阻抗测试，得到EIS，电解液为1 mol·L^{-1} KOH溶液和0.33 mol·L^{-1} CO（NH$_2$）$_2$溶液，频率为0.01 Hz~100 kHz。奈奎斯特图中高频区曲线与x轴的交点即为接触电阻，低频区的直线代表瓦尔堡电阻，主要是由电解液离子在电极材料中的扩散和渗透引起的。循环测试前、后两条曲线的斜率几乎相同，证明瓦尔堡电阻在循环测试前、后几乎没有发生变化。以上电化学阻抗测试结果证明，Ni/N-C@500催化剂有较好的导电性，而且经过长时间的循环测试后依然可以保持较高的活性。

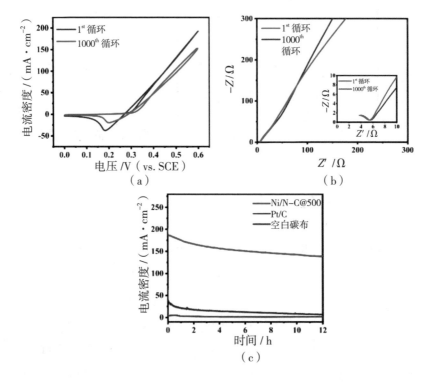

图3-17　Ni/N-C@500、Pt/C催化剂的长时间稳定性测试

注：（a）为在1 mol·L^{-1} KOH溶液和0.33 mol·L^{-1} CO（NH$_2$）$_2$溶液中第一次和1000次循环后的CV曲线；（b）为在1000次循环伏安测试前、后的EIS（插图为高频区的放大视图）；（c）为在0.6 V（vs. SCE）电压下不同样品的12 h稳定性测试结果。

为了评估催化剂电催化UOR的长时间稳定性，我们对Ni/N-C@500催化剂、Pt/C催化剂在1 mol·L^{-1} KOH溶液和0.33 mol·L^{-1} CO（NH$_2$）$_2$溶液中、在一个固定的电压下进行了12 h的计时电流法测试，结果如图3-17（c）所示。为了对比，我们也在与Ni/N-C@500

相同的电解液和电压下对空白碳布进行了测试。空白碳布电极的电流密度特别小（小于5 mA·cm⁻²），证明空白碳布对于UOR是呈惰性的。由于CO气体在UOR过程中会在Pt的表面聚集，因此Pt/C催化剂的电流密度在12 h的计时电流法测试后减小至与惰性空白碳布电极接近。与之相反，Ni/N–C@500催化剂的电流密度在12 h的i–t测试后从192.7 mA·cm⁻²减小至139.4 mA·cm⁻²。Ni/N–C@500催化剂的电流密度减小主要是由于溶液中CO（NH₂）₂浓度降低。这些结果表明，Ni/N–C@500具有优异的电化学稳定性得益于它自身结构的稳定性，活性组分镍纳米晶嵌入氮掺杂的碳基质中得到很好的保护。

3.4 本章小结

本章采用一种简单的方法，即在N₂气氛中热解负载NiCl₂的PPH水凝胶来制备镍纳米晶嵌入氮掺杂的碳基质中，进而制备Ni/N–C复合物，得到以下研究结果：

（1）本章通过系统地改变催化剂的制备条件（浸泡时间、浸泡溶液浓度和热解温度），得到一系列具有不同化学结构和催化活性的Ni/N–C复合物。实验结果表明，在5 mol·L⁻¹的NiCl₂溶液中浸泡18 h后，冷冻干燥10 h，在N₂气氛中500 ℃热解2 h，可得到对于MOR和UOR催化性能最优的催化剂Ni/N–C@500。

（2）Ni/N–C@500催化剂具有较好的电催化氧化CH₃OH活性，相较于其他热解温度，在500 ℃下得到的催化剂中镍纳米晶的尺寸适中。最优的Ni/N–C@500催化剂对于MOR和UOR表现出比Pt/C催化剂

更好的电催化活性。在0.6 V（vs. SCE）的电压下，其电流密度分别为146.7 mA·cm^{-2}和192.7 mA·cm^{-2}，具有优异的长时间稳定性（经过多次循环伏安测试后，电流密度保持率分别为87.1%和79.0%）。特别是在MOR中，Ni/N–C@500显示出较好的抗CO中毒性（在CO饱和的电解液中，电流密度保持率为85.0%）。

（3）Ni/N–C复合物对CH$_3$OH和CO（NH$_2$）$_2$有优异的催化活性与稳定性，这是因为原位产生的镍纳米晶是MOR和UOR的活性中心，而氮掺杂的碳基质作为导电的载体在促进电子转移的同时保护了活性镍纳米晶不被腐蚀。

Ni/NiO-N-C复合物的制备及其 电催化氧化CH$_3$OH、CO（NH$_2$）$_2$ 性能研究

4.1　引言

　　近年来，化工厂废水以及动物、人类尿液的排放导致大量富含CO（NH$_2$）$_2$的废水被排放到环境中。通常CO（NH$_2$）$_2$会自然转化成NH$_3$，从而导致水体系统富营养化。目前，研究者已开发了许多氧化CO（NH$_2$）$_2$的方法，比如生物降解、热水解和化学氧化。然而，这些方法需要使用复杂的设备并且适用条件苛刻，这限制了它们的广泛应用。使用CO（NH$_2$）$_2$作为燃料的燃料电池可以直接将化学能转化为电能。同时，作为一种储氢材料，CO（NH$_2$）$_2$来源广且无毒。此

外，在碱性电解液中，燃料电池阳极的产物是无毒的CO_2和N_2。因此，DUFC为处理富含$CO(NH_2)_2$的废水提供了一种新的方法，同时可以有效地缓解能源危机。

由于在阳极，$CO(NH_2)_2$氧化的动力学过程缓慢，因此在同等条件下，DUFC的功率密度小于聚合物电解质膜燃料电池。考虑到上述情况，为了提高DUFC的性能，许多研究者将精力集中在如何设计、合成具有优异活性和长时间稳定性的电极催化剂上。目前，许多研究已经表明贵金属基催化剂对用CH_3OH、CH_3CH_2OH等作为燃料的燃料电池有中高的氧化性能，但是对氧化$CO(NH_2)_2$有低的活性。为了解决上述问题，许多研究者致力于开发用于氧化$CO(NH_2)_2$的非贵金属基催化剂。在它们当中，镍基催化剂（比如镍纳米片、镍纳米线等）显示出对于氧化$CO(NH_2)_2$较低的氧化过电压和较高的催化活性。

为了增加催化剂的活性位点或增大比表面积，催化剂通常负载在多孔材料（比如泡沫金属和碳材料）上。在众多的多孔材料中，碳材料因具有良好的导电性和稳定性而被广泛用作导电基底。然而，由于催化剂活性组分和基底表面的结合力较弱，因此有必要对碳材料的表面进行修饰，比如掺杂杂原子（N、S和P原子），一方面可以增强活性位点与基质表面的结合力，另一方面可以稳定催化剂的晶相。在强酸条件下处理碳材料会对其本身的结构和导电性造成一定的影响，比如破坏结构和降低导电性。因此，开发一种简单、有效的方法来制备杂原子掺杂的碳材料是机遇也是挑战。PANI具有较好的经济效益以及优异的导电性和化学稳定性，不仅可以作为氮源，而且可以和多元醇反应形成导电水凝胶作为碳材料的前驱体，并在不同温度下进行热解制备氮掺杂碳材料。

我们在第3章中采用浸渍和热解的方法制备镍纳米晶嵌在氮掺杂的碳基质中形成复合物，作为MOR和UOR的催化剂。由前文可知，NiO对于MOR和UOR也是一种活性物质。在本章中，我们采用水热法用PPH水凝胶负载Ni（OH）₂得到Ni（OH）₂@PPH，在N₂气氛中将其热解，制备出镍基复合物Ni/NiO–N–C–T。其中，Ni和NiO可以均匀分布在氮掺杂碳材料中。本章探究了不同热解温度对镍基复合物结构和成分的影响，并研究了Ni/NiO–N–C–T复合物在碱性介质中对MOR和UOR的电催化性能。

4.2　实验部分

4.2.1　Ni/NiO–N–C复合物的制备

以PPH水凝胶为模板，采用化学沉积法将Ni（OH）₂原位负载在PPH上，在N₂气氛中热解后制备Ni/NiO–N–C复合物，作为氧化CH₃OH和CO（NH₂）₂的催化剂。第一步，将1 mmol·L⁻¹的NiCl₂·6H₂O和6 mmol·L⁻¹的CO（NH₂）₂溶于15 mL去离子水中，将所得溶液转移至25 mL含聚四氟乙烯内衬的高压反应釜中，向高压反应釜中加入一片直径为2.3 mm的PPH膜片，由室温加热至80 ℃，恒温反应18 h后自然降至室温。第二步，从高压反应釜中取出覆盖有Ni（OH）₂的PPH膜片，用去离子水冲洗干净后冷冻干燥3 h，即可得到Ni（OH）₂@PPH。第三步，将Ni（OH）₂@PPH置于N₂气流下的可控气氛管式电阻炉中，升温速率为2 ℃·min⁻¹，在不同的温度（400 ℃、500 ℃、600 ℃）下恒温热解2 h。第四步，将热解后的样品置于玛瑙研钵中研磨10 min，研磨成粉末状后装入离心管保存。将在不同热解温度下制备的样品命名为Ni/NiO–N–C–T，如Ni/NiO–N–C–500。在高压反应釜中分别不加CO（NH₂）₂、NiCl₂溶液以及PPH，其余制备条件相同，分别将制备的样品命名为PPH–T和Ni/NiO–T。

4.2.2　电化学测试

本章中循环伏安测试的电势窗口为–0.2~0.8 V（vs. SCE），扫描速率为50 mV·s⁻¹；电化学阻抗测试中交流电压的振幅为5 mV，频率为0.01 Hz~100 kHz；在固定电压为0.6 V（vs. SCE）下进行12 h的i–t测试；CH₃OH氧化测试中的电解液采用1 mol·L⁻¹的KOH溶液以及1 mol·L⁻¹的KOH溶液和1 mol·L⁻¹的CH₃OH溶液；CO（NH₂）₂氧化测试中的电解液采用1 mol·L⁻¹的KOH溶液以及1 mol·L⁻¹的KOH溶液和0.33 mol·L⁻¹的CO（NH₂）₂溶液；进行浓度梯度实验时，CO（NH₂）₂溶液的浓度为0.1~1 mol·L⁻¹。

4.3　结果与讨论

Ni/NiO–N–C–500的合成过程示意图如图4–1所示，在高压反应釜中，随着温度的升高，溶液中的CO（NH₂）₂在水解过程中会生成CO₂和NH₃，同时Ni²⁺会水解生成Ni（OH）₂，原位覆盖在PPH膜片上得到Ni（OH）₂@PPH前驱体。用去离子水冲洗Ni（OH）₂@PPH前驱体，

78

然后采用冷冻干燥的方法直接脱除水分，同时保留PPH原有的多孔网状结构。将所得产物置于一定温度的可控气氛管式电阻炉内在N₂气氛中热解，Ni（OH）₂会分解为Ni或NiO，原位覆盖在PPH膜片上，形成Ni或NiO氮掺杂碳材料复合物。不同阶段的PPH膜片如图4-2所示。

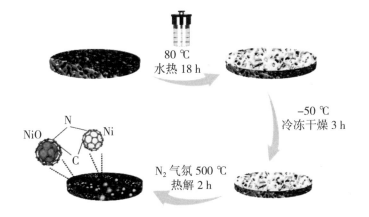

图4-1　Ni/NiO–N–C–500的合成过程示意图

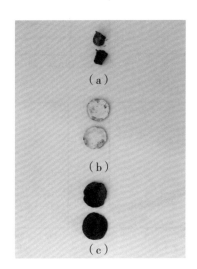

图4-2　不同阶段的PPH膜片

注：（a）为初始的PPH水凝胶；（b）为经过水热反应、冷冻干燥后的PPH膜片；

（c）为热解后的PPH膜片。

4.3.1　形貌与结构表征

4.3.1.1　热重分析

我们根据Ni（OH）$_2$@PPH在N$_2$气氛中的TGA曲线来确定材料的热解温度范围。如图4-3（a）所示，随着温度的升高，可以观测到样品在持续地失重。在180~350 ℃的失重主要归因于PPH的热分解；在350~550 ℃的失重主要归因于Ni（OH）$_2$转化为氧化镍钠米晶或镍纳米晶时小分子的损失。当温度为550~800 ℃时，没有观测到明显的质量损失，碳骨架此时发生了重排。基于以上分析结果，我们将样品的热解温度分别定为400 ℃、500 ℃和600 ℃。

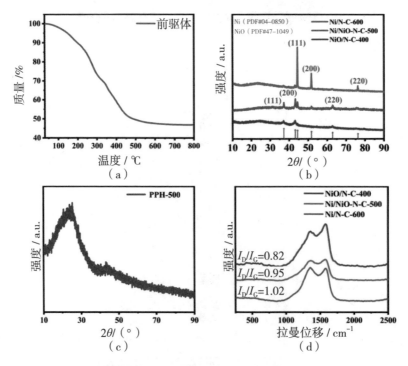

图4-3　不同样品的形貌与结构表征结果

注：（a）为前驱体Ni（OH）$_2$@PPH的TGA曲线；（b）为不同样品的XRD谱图；

（c）为PPH-500的XRD谱图；（d）为不同样品的拉曼光谱。

4.3.1.2　结构表征

我们根据XRD谱图分析样品的结构及晶相信息。如图4-3（b）所示，3个温度热解出来的样品在26.3°处都显示宽峰，这归因于无定形碳（002）晶相。对于样品NiO/N-C-400，位于37.2°、43.3°、62.9°处的衍射峰分别对应于具有斜方六面体结构的NiO的（111）、（200）和（220）晶面（PDF#47-1049）。对于样品Ni/N-C-600，位于44.5°、51.8°、76.4°处明显的衍射峰分别对应于具有面心立方结构的Ni的（111）、（200）、（220）晶面（PDF#04-0850）。与样品NiO/N-C-400和Ni/N-C-600相比，样品Ni/NiO-N-C-500同时显示Ni和NiO的衍射峰。此外，根据Ni的最强衍射峰（111）晶面，由谢乐公式计算镍纳米晶尺寸，Ni/NiO-N-C-500、Ni/N-C-600的镍纳米晶尺寸分别为30.7 nm 和37.4 nm，证明随着热解温度的升高，镍纳米晶尺寸增大。在不同热解温度下制备的样品有不同的组成，预示着它们对CH₃OH和CO（NH₂）₂有不同的电催化氧化性能。如图4-3（c）所示，作为空白对照样品，PPH-500的XRD谱图中仅显示一个位于25.5°处的宽峰，对应于无定形碳的（002）晶面。

4.3.1.3　拉曼光谱分析

我们根据拉曼光谱来探究在不同热解温度下制备的样品的化学特征。如图4-3（d）所示，拉曼光谱在1350 cm⁻¹处的宽带对应于D带，代表sp²无序碳和缺陷度，位于1580 cm⁻¹处的宽带对应于G带，代表有序碳。此外，代表样品无序程度的D带和G带的强度之比（I_D/I_G）随着温度的升高逐渐增大 [0.82（400 ℃）、0.95（500 ℃）和1.02（600 ℃）]，证明样品逐渐分解，而且随着热解温度的升高，所得样品的石墨化程度逐渐增强。

4.3.1.4　形貌表征

我们以Ni/NiO-N-C-500为例，用扫描电子显微镜来观测样品的形貌，如图4-4（a）和图4-4（b）所示，Ni/NiO-N-C-500为多孔结构，这有利于电解液的运输和扩散。我们进一步采用透射电子显微镜和高分辨透射电子显微镜得到样品的晶相特征。如图4-4（c）所示，镍纳米晶和氧化镍纳米晶均匀地嵌入氮掺杂的碳基质中。如图4-4（d）所示，从HRTEM图像中可以看到晶格条纹为0.207 nm和0.235 nm分别对应于NiO的（111）晶面、（200）晶面，晶格条纹为0.246 nm对应于Ni的（111）晶面。以上结果和X射线衍射分析结果相吻合。此外，如图4-4（d）中插图所示，选区衍射谱图显示衍射环，证明样品具有多晶特性。同时，如图4-4（e）所示，元素C、O、N和Ni均匀地分散在Ni/NiO-N-C-500样品表面，且各原子比C：O：N：Ni=74.1：11.4：11.1：3.4，如图4-5所示。

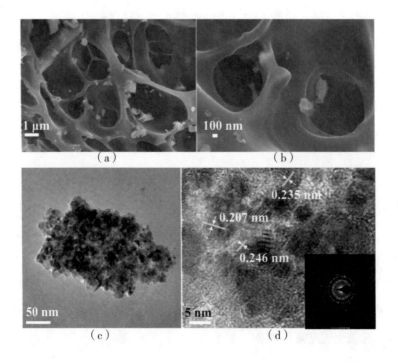

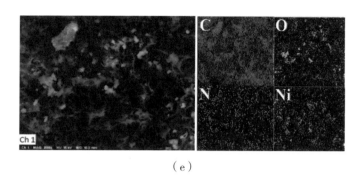

（e）

图4-4　Ni/NiO–N–C–500的形貌分析结果

注：（a）和（b）分别为低倍率、高倍率下的SEM图像；（c）为TEM图像；（d）为HRTEM图像（插图为SAED图像）；（e）为SEM–EDS元素映射图像。

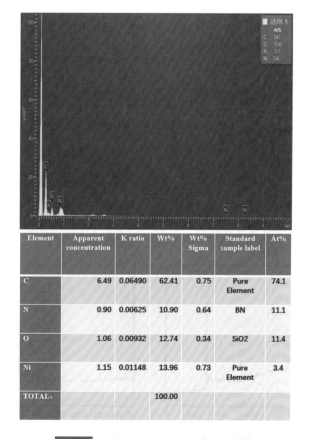

Element	Apparent concentration	K ratio	Wt%	Wt% Sigma	Standard sample label	At%
C	6.49	0.06490	62.41	0.75	Pure Element	74.1
N	0.90	0.00625	10.90	0.64	BN	11.1
O	1.06	0.00932	12.74	0.34	SiO2	11.4
Ni	1.15	0.01148	13.96	0.73	Pure Element	3.4
TOTAL:			100.00			

图4-5　Ni/NiO–N–C–500的EDS图像

4.3.1.5　X射线光电子能谱分析

为了进一步探究Ni/NiO–N–C–500样品表面的化学组成，我们进行了X射线光电子能谱测试。如图4-6（a）所示，XPS全谱显示C 1s、O 1s、N 1s和Ni 2p的特征峰。如图4-6（b）所示，C 1s峰可以被拟合成3个峰，分别为C—C键（284.6 eV）、C—N键（285.7 eV）和C—O键（287.2 eV）。如图4-6（c）所示，O 1s峰可以被拟合为3个峰，分别为Ni—O键（530.7 eV）、C—O键（531.9 eV）和物理吸附水分子（533.3 eV）。如图4-6（d）所示，N 1s峰可以被反卷积成4个峰，分别为镍—氮（397.9 eV）、吡啶氮（398.8 eV）、吡咯氮（399.8 eV）和第四纪氮（400.9 eV）。如图4-6（e）所示，Ni 2p峰可以被拟合成2个自旋轨道峰和2个振荡卫星峰。Ni 2p3/2峰（856.1 eV）可以被分为Ni^{2+}（855.3 eV）和Ni^{3+}（856.6 eV），相较于典型NiO中的Ni 2p3/2峰（853.7 eV）正向移动了约2 eV，证明镍/氧化镍纳米晶和氮掺杂碳材料之间存在电荷效应，即氮掺杂碳基底不仅调节复合材料的电子结构，而且促进电子传递。通常，具有高活性、不稳定的Ni^{3+}物种可以被配位的O原子和N原子固定在碳基质中，这有助于镍/氧化镍纳米晶固定在氮掺杂的碳基底中。在样品Ni/NiO–N–C–500中，一对氧化还原对（Ni^{2+}/Ni^{3+}）可以提供电催化氧化CH_3OH和$CO(NH_2)_2$的活性位点。

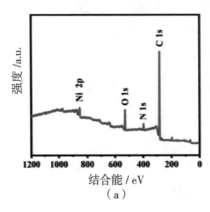

（a）

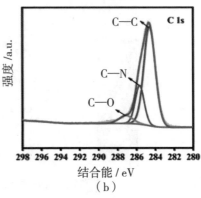

（b）

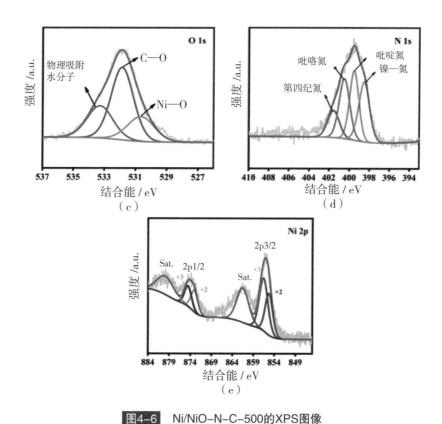

图4-6 Ni/NiO-N-C-500的XPS图像

注：（a）为全谱；（b）为C 1s光谱；（c）为O 1s光谱；（d）为N 1s光谱；

（e）为Ni 2p光谱。

4.3.2 电催化氧化CO（NH₂）性能研究

对于所制备样品的电催化活性测试首先在1 mol·L⁻¹的KOH溶液中进行。如图4-7（a）所示，3个样品中都可以在电势窗口为0.1~0.5 V（vs. SCE）时观测到一对氧化还原峰，对应于Ni^{2+}/Ni^{3+}氧化还原对。Botte等人提出了关于镍基催化剂在碱性环境中氧化CO（NH₂）₂的机理，如式（4-1）、式（4-2）和式（4-3）所示。

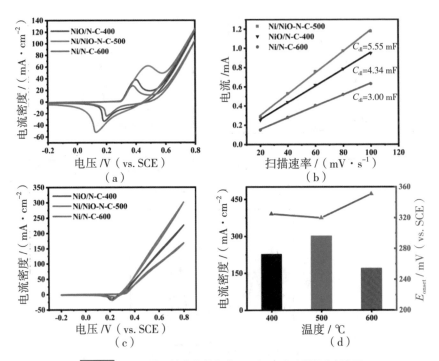

图4-7 不同样品的电催化氧化CO（NH₂）₂活性测试结果

注：（a）为在1 mol·L⁻¹ KOH溶液中的CV曲线（扫描速率为50 mV·s⁻¹）；（b）为各样品的C_{dl}；（c）为在1 mol·L⁻¹ KOH溶液和0.33 mol·L⁻¹ CO（NH₂）₂溶液中的CV曲线（扫描速率为50 mV·s⁻¹）；（d）为在不同起始电压和0.8 V（vs. SCE）时对应的电流密度。

阳极：
$$6Ni(OH)_2 + 6OH^- \rightarrow 6NiOOH + 6H_2O + 6e^- \quad (4\text{--}1)$$

$$6NiOOH + CO(NH_2)_2 + H_2O \rightarrow 6Ni(OH)_2 + CO_2 + N_2 \quad (4\text{--}2)$$

阴极：
$$6H_2O + 6e^- \rightarrow 3H_2 + 6OH^- \quad (4\text{--}3)$$

由上述反应式可以看出，在电化学过程中会产生NiOOH，NiOOH中Ni空d轨道和未配位的d电子有助于活性位点与被吸收物种之间键的形成，被认为是UOR的活性组分。

Ni^{2+}/Ni^{3+}氧化还原对表面覆盖率Γ^*可以通过式（4–4）计算得到。

$$I_P = \left(\frac{n^2 F^2}{4RT}\right) A\Gamma^* v \quad (4\text{--}4)$$

其中，I_p、n、F、A、ν、R、T分别代表平均峰电流密度、电荷转移数（n=1）、法拉第常数（F=96485 C·mol^{-1}）、电极表面积（A=0.25 cm^2）、扫描速率（ν=50 mV·s^{-1}）、通用气体常数（R=8.315 J·mol^{-1}·K^{-1}）和热力学温度（T=298 K）。由式（4–4）可得，各样品中Ni^{2+}/Ni^{3+}氧化还原对表面覆盖率Γ^*分别为8.1×10^{-7} mol·cm^{-2}（NiO/N–C–400）、1.31×10^{-6} mol·cm^{-2}（Ni/NiO–N–C–500）和5.9×10^{-7} mol·cm^{-2}（Ni/N–C–600）。在3个样品中，Ni/NiO–N–C–500有最大的Γ^*，表明它对于UOR有最高的催化活性。

样品的电化学比表面积通过方程式$ECSA=C_{dl}/C_s$计算而得，其中C_{dl}为电极的双电层电容，可以根据电势窗口为$-0.04 \sim 0.04$ V（vs. SCE）时非法拉第反应发生区间的CV曲线得到，C_s为KOH电解液的比电容（这里取0.04 mF·cm^{-2}）。基于CV曲线（如图4–8所示）的拟合线，计算得到各样品的C_{dl}分别为4.34 mF（NiO/N–C–400）、5.55 mF（Ni/NiO–N–C–500）和3.00 mF（Ni/N–C–600），如图4–7（b）所示。因此，3个样品对应的$ECSA$值分别为109 cm^2、139 cm^{2}和75 cm^2。相较于其他2个样品，Ni/NiO–N–C–500有最大的$ECSA$值，进一步证明它对于UOR有最高的催化活性。

如图4–7（c）所示，我们对样品NiO/N–C–400、Ni/NiO–N–C–500和Ni/N–C–600电催化氧化CO（NH$_2$）$_2$的活性进行测试［在1 mol·L^{-1} KOH溶液和0.33 mol·L^{-1} CO（NH$_2$）$_2$溶液中］。在电压为0.8 V（vs. SCE）时，氧化电流密度随着热解温度的升高先增大后减小，即226 mA·cm^{-2}（NiO/N–C–400）、301 mA·cm^{-2}（Ni/NiO–N–C–500）和169 mA·cm^{-2}（Ni/N–C–600）。而如图4–7（d）所示，起始电压（E_{onset}）则刚好相反，即325 mV（NiO/N–C–400）、320 mV（Ni/NiO–N–C–500）和351 mV（Ni/N–C–600）。以上结果主要归因于Ni和NiO在UOR中的协同效应。各样品在1 mol·L^{-1} KOH溶液中、不同扫描速率下的CV曲线如图4–8所示。Ni/NiO–N–C–500与已有文献报道催化剂对于UOR性能的对比见表4–1。

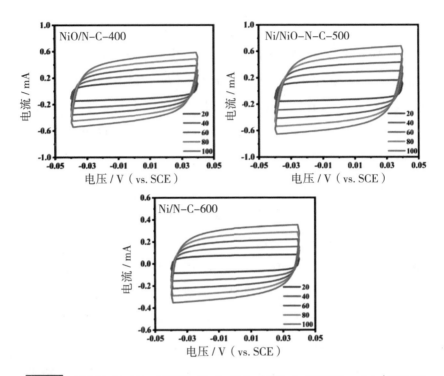

图4-8 NiO/N–C–400、Ni/NiO–N–C–500、Ni/N–C–600在1 mol·L⁻¹ KOH溶液中、不同扫描速率（单位为mV·s⁻¹）下的CV曲线

表4-1 Ni/NiO–N–C–500与已有文献报道催化剂对于UOR性能的对比

电催化剂	电解液	起始电压（vs. RHE）	扫描速率	电流密度 [1.56 V（vs. RHE）]	参考文献年份
Pomegranate-like Ni/C	1 mol·L⁻¹ KOH+ 0.33 mol·L⁻¹ CO（NH₂）₂	1.3 3 V	10 mV·s⁻¹	28 mA·cm⁻²	2018[135]
[NH₄]NiPO₄· 6H₂O particles	1 mol·L⁻¹ KOH+ 0.33 mol·L⁻¹ CO（NH₂）₂	1.4 0 V	10 mV·s⁻¹	40 mA·cm⁻²	2018[136]
Ni–G–5	1 mol·L⁻¹ KOH+ 0.33 mol·L⁻¹ CO（NH₂）₂	1.3 9 V	10 mV·s⁻¹	36 mA·cm⁻²	2019[137]

4 Ni/NiO–N–C复合物的制备及其电催化氧化CH₃OH、CO（NH₂）₂性能研究

续表

电催化剂	电解液	起始电压（vs. RHE）	扫描速率	电流密度 [1.56 V（vs. RHE）]	参考文献 年份
Ni（OH）₂ nanomeshes	1 mol·L⁻¹ KOH+ 0.33 mol·L⁻¹ CO（NH₂）₂	1.3　5 V	50 mV·s⁻¹	32 mA·cm⁻²	2019[138]
Ni–NiO/Gr	1 mol·L⁻¹ KOH+ 0.33 mol·L⁻¹ CO（NH₂）₂	1.3　4 V	10 mV·s⁻¹	38 mA·cm⁻²	2021[139]
Ni/NiO– N–C–500	1 mol·L⁻¹ KOH+ 0.33 mol·L⁻¹ CO（NH₂）₂	1.3　8 V	10 mV·s⁻¹ 50 mV·s⁻¹	118 mA·cm⁻² 122 mA·cm⁻²	本书

作为空白对照样品，PPH–500和Ni/NiO–500对于UOR显示出比Ni/NiO–N–C–500更低的活性，如图4-9（a）和（b）所示，这证明镍/氧化镍纳米晶和氮掺杂碳复合物对于UOR是最优组合。这主要归因于Ni/NiO和氮掺杂碳基质之间的协同效应，这种协同效应不仅增强了催化剂的导电性，而且增大了表面电子密度，最终使Ni/NiO–N–C–500催化剂具有较高的电催化活性。

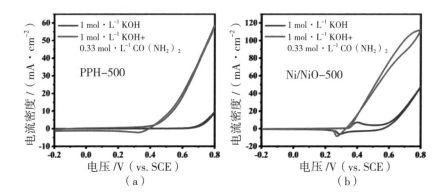

图4-9　PPH–500和Ni/NiO–500在含有及不含0.33 mol·L⁻¹ CO（NH₂）₂的 1 mol·L⁻¹ KOH溶液中、扫描速率为50 mV·s⁻¹时的CV曲线

我们在不同扫描速率下对Ni/NiO-N-C-500进行循环伏安测试，得到CV曲线，在1 mol·L^{-1} KOH溶液中，电势窗口为-0.2~0.8 V，扫描速率从10 mV·s^{-1}增大到200 mV·s^{-1}。由图4-10（a）可知，随着扫描速率的增大，阳极峰和阴极峰的电流密度都逐渐增大，且可以看出阳极峰发生正移，阴极峰发生负移。这主要归因于反应动力学的限制和电化学极化现象的存在，其使得在较大的扫描速率下生成的NiOOH较少。此外，如图4-10（b）所示，阳极峰、阴极峰的电流与扫描速率的平方根呈线性拟合关系，这证明Ni（OH）$_2$与NiOOH之间的转换是扩散控制过程。以上结果证明在纳米颗粒内部的质子扩散是速率控制过程。

为了揭示CO（NH$_2$）$_2$氧化过程的机理，我们对Ni/NiO-N-C-500在-0.2~0.8 V的电压下进行循环伏安测试，扫描速率由10 mV·s^{-1}增大到200 mV·s^{-1}。由图4-10（c）可知，随着扫描速率的增大，氧化电流密度没有明显的改变，这证明CO（NH$_2$）$_2$氧化过程不同于Ni（OH）$_2$与NiOOH之间的转换过程，不是扩散控制过程。此外，对于CO（NH$_2$）$_2$氧化而言，CO（NH$_2$）$_2$溶液的浓度也是一个重要因素。如图4-10（d）所示，KOH溶液的浓度固定为1 mol·L^{-1}，CO（NH$_2$）$_2$溶液的浓度从0.1 mol·L^{-1}增大到1 mol·L^{-1}，可以看出氧化峰的电流密度在CO（NH$_2$）$_2$溶液浓度为0.33 mol·L^{-1}时最大，这个浓度刚好接近于人类和动物尿液中CO（NH$_2$）$_2$的浓度，意味着Ni/NiO-N-C-500催化剂有望被用来电催化氧化含有人畜尿液的污水。

对于DUFC，从实际应用角度出发，降低催化剂的成本与提高催化剂的性能、降低催化剂的起始电压是同样重要的。如图4-11（a）和图4-11（b）所示，在0.6 V（vs. SCE）的电压下，Ni/NiO-N-C-500催化剂的电流密度为182 mA·cm^{-2}，远远大于Pt/C（20%）催化剂的电流密度（47.2 mA·cm^{-2}），这意味着Ni/NiO-N-C-500催化剂电催化氧化CO（NH$_2$）$_2$的性能超越了Pt/C（20%）催化剂。以上结果证明，Ni/NiO–N–C–500催化剂可以作为UOR贵金属基催化剂的替代品之一。

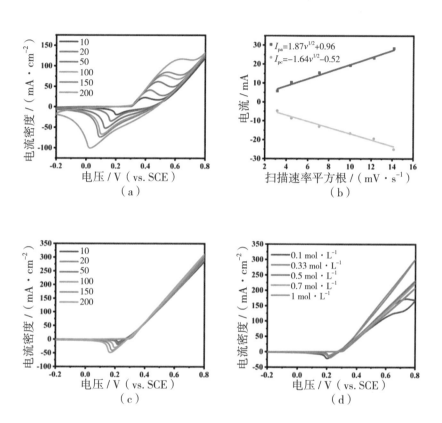

图4–10 Ni/NiO–N–C–500的CV曲线

注：（a）为Ni/NiO–N–C–500在1 mol·L⁻¹ KOH溶液中、不同扫描速率下的CV曲线；（b）为阳极峰和阴极峰电流与扫描速率平方根的线性拟合；（c）为Ni/NiO–N–C–500在1 mol·L⁻¹ KOH溶液和0.33 mol·L⁻¹ CO（NH₂）₂溶液中、不同扫描速率下的CV曲线；（d）为Ni/NiO–N–C–500在1 mol·L⁻¹ KOH溶液与不同浓度CO（NH₂）₂溶液中的CV曲线（扫描速率为50 mV·s⁻¹）。

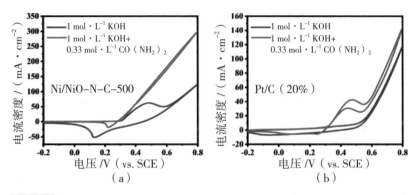

图4-11 Ni/NiO–N–C–500、Pt/C（20%）在1 mol·L⁻¹ KOH溶液和1 mol·L⁻¹ KOH溶液+0.33 mol·L⁻¹ CO（NH₂）₂溶液中、扫描速率为50 mV·s⁻¹时的CV曲线

为了评估样品Ni/NiO–N–C–500的稳定性，我们在1 mol·L⁻¹ KOH溶液和0.33 mol·L⁻¹ CO（NH₂）₂溶液中对其进行了计时电流法、循环伏安测试。如图4-12（a）所示，随着时间的推移，Ni/NiO–N–C–500的电流密度缓慢地减小，经过12 h的计时电流法测试后，电流密度保留率为76%，表明它对CO（NH₂）₂氧化过程中产生的中间产物有良好的抗中毒能力。作为对比，我们以一块空白碳布作为工作电极，在0.6 V（vs. SCE）、相同电解液浓度下对其进行12 h的计时电流法测试。如图4-12（a）所示，空白碳布的电流密度特别小（小于5 mA·cm⁻²），表明空白碳布对于UOR是呈惰性的，而Ni/NiO–N–C–500是主要的CO（NH₂）₂氧化催化剂。此外，如图4-12（b）所示，在0.8 V（vs. SCE）、扫描速率为50 mV·s⁻¹下经过1000次的循环伏安测试后，Ni/NiO–N–C–500的电流密度减小了19.3%（从301 mA·cm⁻²减小到243 mA·cm⁻²）。此时将电解液更换为新的电解液［重新配制1 mol·L⁻¹ KOH溶液和0.33 mol·L⁻¹ CO（NH₂）₂溶液］进行循环伏安测试，得到的电流密度为266.8 mA·cm⁻²，电流密度为初始值的88.6 %。更换新鲜电解液后，电流密度得到回升，这表明Ni/NiO–N–C–500有良好的稳定性，经过长时间的UOR后，催化剂自身的电催化活性得到较好的保

持，长时间测试后电流密度的减小是由于CO（NH₂）₂不断消耗导致CO（NH₂）₂溶液的浓度逐渐减小。

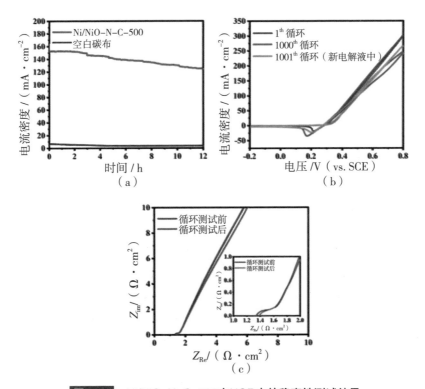

图4-12 Ni/NiO–N–C–500在UOR中的稳定性测试结果

注：（a）为在1 mol·L⁻¹ KOH溶液和0.33 mol·L⁻¹ CO（NH₂）₂溶液中、0.6 V（vs. SCE）下Ni/NiO–N–C–500与空白碳布在UOR中的安培曲线；（b）为Ni/NiO–N–C–500稳定性试验结果；（c）为1000次循环前、后的EIS图像（插图为高频区放大视图和拟合等效电路图）。

在1 mol·L⁻¹ KOH溶液和0.33 mol·L⁻¹ CO（NH₂）₂溶液中，在进行第一次循环伏安测试和经过1000次循环后，采用电化学阻抗谱检测Ni/NiO–N–C–500的电荷转移速率。如图4-12（c）所示，奈奎斯特图由高频区的半圆曲线和低频区的一条直线组成。其中半圆初始与x轴的交点代表接触电阻，曲线中半圆的半径代表电荷转移电阻，低频区的一条直线代表电极的电容行为。从第一次循环伏安测试到经过1000次循环后，接触电阻从1.35 $\Omega \cdot cm^2$增大到1.39 $\Omega \cdot cm^2$。同时，两条直线的斜率相似，证明电极的电容行为基本保持不变，Ni/NiO–N–C–500催化剂经过长时间的循环伏安测试后依旧保持较好的导电性。

此外，我们对经过长时间计时电流法测试后的样品进行了扫描电子显微镜分析、透射电子显微镜分析和X射线光电子能谱分析，结果如图4–13所示，经过长时间的UOR，样品的形貌基本保持不变。如图4–14所示，测试后样品的表面化学组成及元素价态与测试之前基本保持一致。以上结果进一步证明Ni/NiO–N–C–500催化剂经过长时间UOR后仍具有较好的稳定性。

图4–13 Ni/NiO–N–C–500长时间计时电流法测试后的分析结果

注：（a）为低倍率下的SEM图像；（b）为高倍率下的SEM图像；（c）和（d）分别为循环伏安测试12 h后Ni/NiO–N–C–500的TEM图像与HRTEM图像。

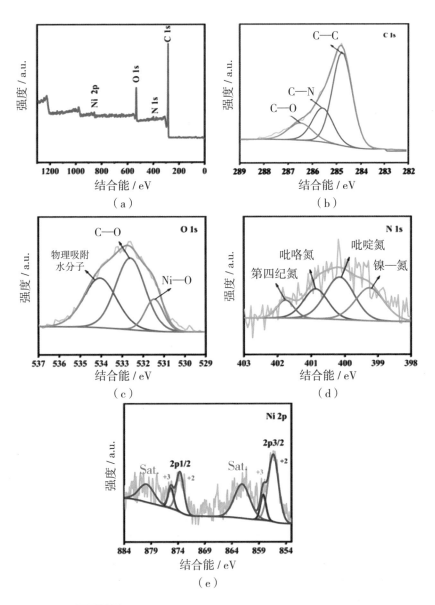

图4-14　经过12 h测试后的Ni/NiO–N–C–500 XPS图像

注：（a）为全谱；（b）为C 1s光谱；（c）为O 1s光谱；（d）为N 1s光谱；

（e）为Ni 2p光谱。

4.3.3　电催化氧化CH₃OH性能研究

如图4-15（a）所示，我们对NiO/N–C–400、Ni/NiO–N–C–500和Ni/N–C–600三个样品电催化氧化CH₃OH的活性进行测试，所用电解液为1 mol·L⁻¹ KOH溶液和1 mol·L⁻¹ CH₃OH溶液。在0.8 V（vs. SCE）电压下，氧化电流密度随着热解温度的升高先增大后减小，即138.7 mA·cm⁻²（NiO/N–C–400）、178.1 mA·cm⁻²（Ni/NiO–N–C–500）和120.0 mA·cm⁻²（Ni/N–C–600）；起始电压（E_{onset}）则刚好相反，即313 mV（NiO/N–C–400）、297 mV（Ni/NiO–N–C–500）和342 mV（Ni/N–C–600），如图4-15（b）所示。Ni/NiO–N–C–500比NiO/N–C–400和Ni/N–C–600具有更大的氧化电流密度与更小的起始电压，这主要归因于Ni/NiO–N–C–500中同时含有Ni和NiO两种活性物质，它们之间的协同效应会提高催化剂的MOR活性。

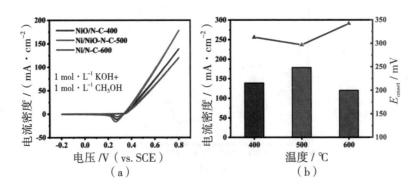

图4-15　不同样品的电催化氧化CH₃OH活性测试结果

注：（a）为CV曲线（扫描速率为50 mV·s⁻¹）；（b）为MOR中不同起始电压和
0.8 V（vs. SCE）下对应的电流密度。

为了揭示CH₃OH氧化过程中扫描速率对电流密度的影响，我们对Ni/NiO–N–C–500催化剂在–0.2~0.8 V的电势窗口下进行循环伏安测试，扫描速率从10 mV·s⁻¹增大到200 mV·s⁻¹。由图4-16（a）可知，随着扫描速率的增大，CV曲线的阳极峰正向移动，阴极峰负向移动，证明Ni（OH）₂与NiOOH之间的转换过程是扩散控制过程。由图4-16（b）可知，随着扫描速率的增大，CH₃OH氧化过程中的电流密度没有明显的改变，这证明CH₃OH氧化过程不同于Ni（OH）₂与NiOOH之间的转换过程，不是扩散控制过程。

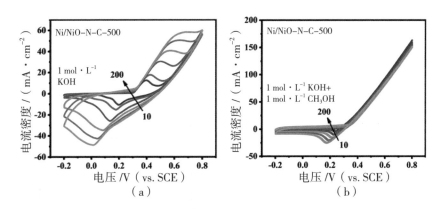

图4-16 Ni/NiO–N–C–500在不同电解液中、不同扫描速率下的CV曲线

为了评估样品Ni/NiO–N–C–500的稳定性，我们在1 mol·L⁻¹ KOH溶液和1 mol·L⁻¹ CH₃OH溶液中，在电压固定为0.6 V（vs. SCE）时对其进行计时电流法和循环伏安测试。如图4-17（a）所示，随着时间的推移，Ni/NiO–N–C–500的电流密度缓慢地减小，经过12 h的计时电流法测试后，电流密度从95.6 mA·cm⁻² 减小至70.8 mA·cm⁻²，电流密度保留率为74%，表明它对CH₃OH氧化过程中产生的吸附中间体有良好的抗中毒能力。由于在MOR过程中产生的CO气体会在Pt的表面聚集，因此Pt/C催化剂的电流密度在7 h时很快减小至惰性碳布电极的电流密度。作为对照，我们将一块空白碳布作为工作电极，在0.6 V（vs. SCE）电压下、在相同的电解液中进行12 h的计时电流法测试。从图4-17（a）中可以看出，空白碳布的电流密度特

别小（小于5 mA·cm⁻²），表明空白碳布对于MOR是呈惰性的，而Ni/NiO-N-C-500在MOR中是主要的催化活性物质。此外，如图4-17（b）所示，在0.8 V（vs. SCE）电压下、扫描速率固定为50 mV·s⁻¹时经过1000次的循环伏安测试后，Ni/NiO-N-C-500的电流密度从178.1 mA·cm⁻²减小到106.5 mA·cm⁻²。此时将电解液更换为新配制的1 mol·L⁻¹ KOH溶液和1 mol·L⁻¹ CH₃OH溶液进行循环伏安测试，得到的电流密度为131.7 mA·cm⁻²，为初始值的74%，这表明Ni/NiO-N-C-500有良好的稳定性。电流密度的减小是由于CH₃OH不断消耗导致其浓度逐渐减小，更换新鲜电解液后，电流密度得到回升，说明催化剂在长时间循环伏安测试后仍能较好地保持自身的催化活性。

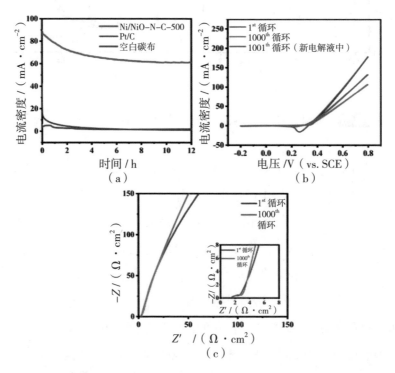

图4-17 Ni/NiO-N-C-500在MOR中的稳定性测试结果

注：（a）为不同样品的 *i-t* 曲线；（b）为CV曲线；（c）为1000次循环前、后的EIS图像（插图为高频区放大视图）。

在1 mol·L^{−1} KOH溶液和1 mol·L^{−1} CH$_3$OH溶液中，在第一次循环伏安测试和经过1000次循环伏安测试后，我们用电化学阻抗谱来检测Ni/NiO–N–C–500的电荷转移速率。如图4–17（c）所示，奈奎斯特图由高频区的半圆曲线和低频区的一条直线组成。其中，半圆初始与x轴的交点代表接触电阻，曲线中半圆的半径代表电荷转移电阻，低频区的一条直线代表电极的电容行为。从第一次循环伏安测试到1000次循环伏安测试后，接触电阻从1.51 Ω·cm^{2}增大到1.69 Ω·cm^2。同时，两条直线的斜率相似，证明电极的电容行为基本保持不变，Ni/NiO–N–C–500经过长时间的循环伏安测试后依旧保持较好的导电性。

4.4　本章小结

本章采用水热法与热解法相结合的方法制备得到镍/氧化镍基氮掺杂碳复合物Ni/NiO–N–C–T，作为UOR和MOR的催化剂；通过热重分析得到Ni（OH）$_2$@PPH的热稳定性，从而确定了Ni（OH）$_2$@PPH的热解温度（400 ℃、500 ℃和600 ℃）；通过一系列分析（如X射线衍射分析、扫描电子显微镜分析、透射电子显微镜分析、拉曼光谱分析等）进行结构表征，获得催化剂的成分与组成、形貌等信息；通过X射线光电子能谱分析得到所制备的催化剂由C、N、O和Ni四种元素组成，并得到催化活性物质Ni元素的价态信息。

基于以上表征测试，结合不同样品对于UOR的催化性能，本章筛选出性能最优的催化剂Ni/NiO–N–C–500。该样品在0.8 V（vs. SCE）电压下的电流密度为301 mA·cm^2。经过12 h的计时电流法测试后，该样品具有最高的电流密度保留率（76%），经过1000次循环伏安测试后，电流密度保留率为81%，证明Ni/NiO-N-C-500对于UOR有较好的电催化活性和长时间的稳定性。

基于不同样品对于MOR的催化性能，本章筛选出性能最优的催化剂Ni/NiO-N-C-500。该样品在0.8 V（vs. SCE）电压下的电流密度为178.1 mA·cm^2。经过12 h的计时电流法测试后，该样品具有最高的电流密度保留率（74%），经过1000次循环伏安测试后，电流密度保留率为60%，证明Ni/NiO-N-C-500对于MOR有较好的电催化活性和长时间的稳定性。

以上结论归因于与NiO/N-C-400和Ni/N-C-600相比，Ni/NiO-N-C-500催化剂具有最大的电化学比表面积、氧化还原对表面覆盖率，且Ni/NiO-N-C-500中Ni与NiO共存发挥协同效应。同时，Ni/NiO-N-C-500催化剂适用的CO（NH$_2$）$_2$饱和浓度刚好接近人类、动物尿液中CO（NH$_2$）$_2$的平均浓度。

基于以上结论，Ni/NiO-N-C-500是在碱性介质中用于氧化CO（NH$_2$）$_2$、CH$_3$OH的廉价、催化性能高、稳定性强的催化剂。

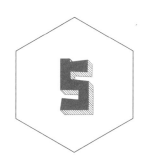

Ni/S-C复合物的制备及其电催化氧化 CH₃OH、CO（NH₂）₂性能研究

5.1 引言

在日益严重的能源危机以及传统化石燃料持续消耗造成的环境污染等的驱动下，众多科研团队在发展可持续能源生产和储存技术方面付出了许多努力。直接燃料电池是一种能直接将化学能转化为电能的能量转换装置，通常使用的燃料有 CH_3OH、CH_3CH_2OH、$HCOOH$、肼（N_2H_4）、$CO（NH_2）_2$、$（CH_2OH）_2$等。在上述富氢燃料中，CH_3OH来源广、便于储存及运输，$CO（NH_2）_2$因其储量丰富、无毒、不易燃和稳定性较好等特点而被广泛研究。此外，与HER耦合的$CO（NH_2）_2$整体氧化反应的理论电压（0.37 V）低于电解水的理论电压（1.23 V）。UOR被认为是较OER更有利的阳极反应。然而，由于UOR和MOR都

属于6电子转移过程,因此其反应动力学过程较为缓慢。近年来,一些研究表明贵金属(Pd、Pt/C、Rh)基催化剂对UOR和MOR有一定的催化作用,但其稀缺性和高成本阻碍了其在UOR、MOR中的实际应用。因此,迫切需要开发一种成本低、具有较高催化活性及稳定性的UOR电催化剂和MOR电催化剂。

目前,镍基催化剂已被广泛认为是UOR和MOR中贵金属基催化剂的替代品。通常,催化剂的结构和组成与催化UOR、MOR的性能密切相关。例如,多孔镍、镍纳米片和镍纳米线是基于结构工程提高催化UOR、MOR性能的一类催化剂。另一种常见的方法是引入过渡金属M(M=Co,Mn,Fe)。例如,相关文献报道了Ni-Co、Ni-Mn和Ni-Mo等一系列镍基双金属催化剂来降低CO(NH$_2$)$_2$或CH$_3$OH的初始氧化电压。然而,镍基催化剂的电导率低、抗CO中毒能力差,导致其起始电压高、循环稳定性差,这对镍基催化剂来说仍然是一个具有挑战性的问题。

催化剂与多孔导电基底结合是一种有利于电子转移的合成方法。碳基化合物(如石墨烯、炭黑和碳纳米管)经常被用作导电基底。导电高分子水凝胶为多孔结构,具有易加工和导电性能好等优点,是一种很有应用前景的导电材料。在碳材料中掺杂杂原子(O、N、S)可以增强碳添加剂与电催化剂之间的配位相互作用,既能促进电子转移,加快反应动力学过程,又能保护电催化剂活性,提高其稳定性。掺杂S原子到催化剂中可以有效地调节其电子性能,从而提高催化剂的电化学性能,这可能是因为掺杂S的碳基底为电子转移提供了导电平台。PEDOT具有良好的稳定性和高导电性,是一种被广泛研究的导电高分子。例如,马明明等人成功制备了一种PEDOT-PVA超分子水凝胶(PPSH),该导电高分子水凝胶被证明可作为一种柔性超级电容器电极材料,其具有优异的电容性能。

前文重点探讨了将镍基催化剂与氮掺杂碳材料结合制备成复合催

化剂，在本章中，我们制备镍纳米晶嵌在硫掺杂碳材料中的复合物，对所得催化剂的微观形貌和结构进行一系列的表征，并对催化剂在碱性介质中对于UOR和MOR的电催化性能进行评价。我们对复合物制备条件（如热解温度、浸泡时间和镍盐浓度等）进行系统的优化，研究催化剂在不同浓度KOH溶液和不同浓度CO（NH$_2$）$_2$溶液及CH$_3$OH溶液中的电催化性能。

5.2 实验部分

5.2.1 PPSH的制备

参考已有文献的报道，依次向2.4 g PVA溶液（10% DMSO）中加入1350 μL去离子水、600 μLDMSO溶液和120 μL 4 mol·L^{-1}的HCl溶液，在55 ℃下水浴并搅拌30 min，至溶液混合均匀后形成溶液A；再加入258 μL乙烯二氧噻吩（EDOT）溶液，继续搅拌10 min，至完全混合均匀后形成溶液B，置于冰水浴中冷却至0 ℃；逐滴加入1200 μL FeCl$_3$溶液（4 mol·L^{-1}），待溶液由澄清变为嫩黄色后逐滴加入0.24 mL APS溶液（2 mol·L^{-1}），快速搅拌均匀，待溶液逐渐变为墨绿色后倒入长方形模具中，放入烘箱中；在60 ℃下聚合反应4 h后，从模具中脱模并用去离子水冲洗数次，去除反应的副产物及Fe^{3+}后，得到PPSH膜片。

5.2.2　Ni/S-C复合物的制备

将制备好的PPSH膜片置于不同浓度（1 mol·L^{-1}、3 mol·L^{-1}、5 mol·L^{-1}、7 mol·L^{-1}）的NiCl$_2$溶液中浸泡不同时间（6 h、12 h、18 h、24 h），取出并用去离子水洗净，冷冻干燥10 h后置于可控气氛管式电阻炉中，在N$_2$气氛中以2 ℃·min^{-1}的速率从室温升至不同温度（400 ℃、500 ℃、600 ℃），恒温反应2 h后自然冷却至室温，在玛瑙研钵中研磨成粉末，将所得样品分别命名为Ni/S-C@400、Ni/S-C@500和Ni/S-C@600。为了进行对照实验，将没有浸泡过NiCl$_2$溶液的PPSH膜片直接在可控气氛管式电阻炉中热解得到的样品命名为S-C@T。

5.2.3　电化学测试

电化学测试均在CHI660E电化学工作站上进行，采用传统的三电极体系，其中参比电极和对电极分别使用饱和甘汞电极与不锈钢片（3 cm×4 cm）。由于制备的催化剂是粉末状的，因此需要涂覆在碳布上作为工作电极。碳布在使用前需经过预处理，即将一定大小（3 cm×4 cm）的碳布浸没在浓HNO$_3$中3 d，分别用去离子水和无水乙醇各洗涤3次，每次20 min，在真空干燥箱中60 ℃过夜烘干。称取3 mg制备的催化剂置于牛角管中，用20 μL无水乙醇和10 μL去离子水作为分散剂加入牛角管中，超声15 min使催化剂形成分散均匀的悬浮液。用单通道移液器吸取10 μL悬浮液，滴涂到处理好的碳布（0.5 cm×1.5 cm）上，滴涂的面积为0.25 cm^2，放入烘箱中烘干后即得制备好的工作电极。值得一提的是，整个过程中没有黏结剂，可以提供更多的活性位点，从而减小电阻。本章采用循环伏安测试、线性扫描伏安法（LSV）、电化学阻抗测试、i–t测试等方法对催化剂材料的电化学性能进行表征。循环伏安测试的电势窗口为–0.2~0.8 V（vs. SCE），扫描速率为50 mV·s⁻¹。电化学阻抗测试中交流电压的振幅为5 mV，频率为0.01 Hz~100 kHz。i–t测试在固定电压为0.6 V（vs. SCE）下进行，测试时间为12 h。CH₃OH氧化测试中的电解液为1 mol·L⁻¹ KOH溶液以及1 mol·L⁻¹ KOH溶液和1 mol·L⁻¹ CH₃OH溶液。在浓度梯度实验中，KOH溶液的浓度为0.1~2 mol·L⁻¹，CH₃OH溶液的浓度为0.3~2 mol·L⁻¹。CO（NH₂）₂氧化测试中的电解液为1 mol·L⁻¹ KOH溶液以及1 mol·L⁻¹ KOH溶液和0.33 mol·L⁻¹ CO（NH₂）₂溶液。在浓度梯度实验中，KOH溶液的浓度为0.1~2 mol·L⁻¹，CO（NH₂）₂溶液的浓度为0.1~1 mol·L⁻¹。

5.3 结果与讨论

5.3.1 结构与形貌表征

Ni/S–C@T的制备过程如图5-1所示。首先，制备PPSH膜片作为含硫碳材料的前驱体。利用PPSH具有规则微孔结构的特点，将PPSH在不同浓度的NiCl₂溶液中浸泡不同时间，使其负载镍离子。用去离子水冲洗多次去除PPSH表面剩余的NiCl₂，通过冷冻干燥使上述膜片脱除水分，同时保留原有的多孔结构，得到NiCl₂@PPSH。将其在N₂气氛中（升温速率为2 ℃·min⁻¹）、不同的温度下恒温热解2 h后，得到镍纳米晶体–硫掺杂碳复合物。PPSH膜片的关键合成步骤如图5-2所示。PPSH膜片经过每一步处理后的实物图像如图5-3所示。

图5-1　Ni/S–C@T的制备过程

图5-2　PPSH膜片的关键合成步骤

注：（a）为实验部分所指的B溶液；（b）为加入FeCl₃溶液后；（c）为加入APS溶液后。

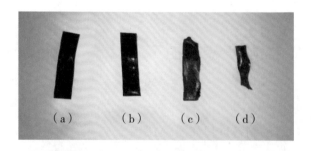

图5-3　合成过程中PPSH膜片的实物图像

注：（a）为制备好的PPSH水凝胶；（b）为在NiCl₂溶液中浸泡后；（c）为冻干后；（d）为热解后。

如图5-4（a）所示，为了测试NiCl$_2$@PPSH前驱体的热性质，确定其适宜的热解温度，我们在30～800 ℃的N$_2$气氛中（升温速率为10 ℃·min^{-1}）得到了TGA曲线。如图5-4（b）所示，对TGA曲线求一阶导数得到DTG曲线，显示了PPSH热解的三个主要步骤。由图5-4（a）可以看出，21.6%的失重发生在50～230 ℃处，这与PVA的分解有关。在230～400 ℃处发生的39.4%的失重可能是由PEDOT的分解所致。随着温度的进一步升高，前驱体的质量持续下降，这可能是由NiCl$_2$转化为镍或镍的硫化物所致。在较高的热解温度下，材料中的碳结构会发生重排。根据以上结果，本章选用400 ℃、500 ℃和600 ℃作为NiCl$_2$@PPSH前驱体的热解温度。

　　如图5-4（c）所示，我们在不同温度下热解得到三个样品的XRD谱图。三个样品均在15.3°和52.6°处出现衍射峰，分别对应于NiCl$_2$的（003）、（110）晶面（PDF#22-0765）。对于Ni/S-C@500和Ni/S-C@600，位于44.5°、51.8°和76.4°处的衍射峰分别对应于Ni的（111）、（200）、（220）晶面（PDF#04-0850）；21.8°和31.1°处的衍射峰对应于Ni$_3$S$_2$的（101）、（110）晶面（PDF#44-1418）。据已有的文献报道，Ni$_3$S$_2$已被广泛用于HER、OER和超级电容器，这归因于其出色的化学吸附能力和含氧中间体。Ni$_3$S$_2$也是一种优良的金属导体，它可以促进UOR反应中心镍与碳基体之间的电荷转移。由上述研究结果可以得出，当热解温度高于400 ℃时，NiCl$_2$会部分转化为Ni或Ni$_3$S$_2$。基于镍纳米晶体最强的（111）晶面，可以用谢乐公式计算其平均尺寸，得到Ni/S-C@500和Ni/S-C@600中镍纳米晶的平均尺寸分别为36.5 nm与48.6 nm，说明随着热解温度的升高，镍纳米晶的尺寸会增大。

　　我们运用拉曼光谱对三个样品进行结构表征。如图5-4（d）所示，三个样品在2880 cm^{-1}附近都出现了特征峰，证明它们均有层状类石墨烯结构。我们分别将在1350 cm^{-1}和1580 cm^{-1}附近的峰称为

D带与G带，它们分别归属于石墨的无序振动和晶格振动。样品Ni/
S-C@400、Ni/S-C@500和Ni/S-C@600的I_D/I_G值（D带与G带的峰强度
之比）分别为0.90、0.87和0.85，说明随着热解温度的升高，样品的
石墨化程度增强。通常，若碳材料的I_D/I_G值适中，则代表缺陷与石墨
结构之间平衡，从而可以有效提高样品的电化学性能。

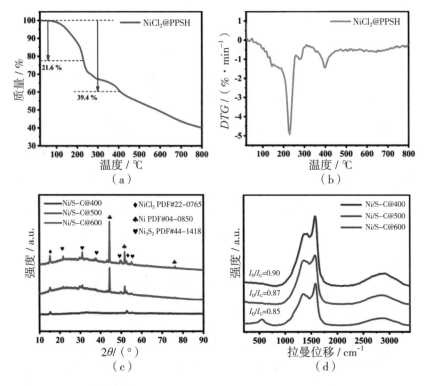

图5-4 NiCl₂@PPSH前驱体的热性质测试结果

注：（a）为TGA曲线；（b）为DTG曲线；（c）为不同样品的XRD谱图；

（d）为不同样品的拉曼光谱。

我们采用X射线光电子能谱分析测定元素的表面化学组成和价
态，得到XPS谱图，如图5-5所示。全谱［图5-5（a）］表明，样品
Ni/S-C@500中含有C、O、S、Cl和Ni元素。C 1s光谱［图5-5（b）］可

以被拟合成三个典型峰，分别对应于sp² C—C（284.4 eV）、sp³ C—C（285.1 eV）和C—O（286.5 eV）。O 1s光谱［图5-5（c）］可以被拟合成531.8 eV和533.7 eV处的两个峰，分别对应于C—O键和样品表面物理吸附水分子。S 2p谱图［图5-5（d）］可以被拟合成位于161.8 eV、163.0 eV、164.1 eV和165.3 eV处的四个峰，分别对应于S 2p3/2、S 2p1/2、金属—硫（M—S）键和振荡卫星峰，这证明了S^{2-}和Ni—S的存在。在Ni 2p光谱［图5-5（e）］中，856.7 eV和874.3 eV处的两个峰对应于Ni^{2+}，位于862.1 eV和878.9 eV处的两个峰对应于Ni^{3+}，与文献[177]中的Ni^{2+}（852.4 eV和869.6 eV）、Ni^{3+}（855.5 eV和873.2 eV）相比有正向移动。另外，位于865.7 eV和882.5 eV处的两个峰归属于Ni的两个振荡卫星峰。以上结果表明，碳基体表面的Ni以Ni（Ⅲ）的形式存在，是UOR和MOR的活性中心。与文献[177]的研究结果相比，S 2p峰从典型的S^{2-}物种向正向转移，表明S可能与Ni配位，随着Ni元素正电荷的增加，S元素的正电荷也增加。同时，碳基体中掺杂的硫原子不仅可以固定极不稳定的Ni（Ⅲ），而且可以调节复合材料中的电子密度。

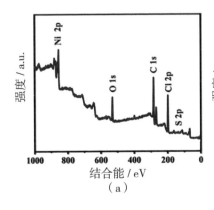

（a）

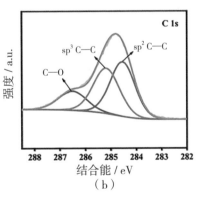

（b）

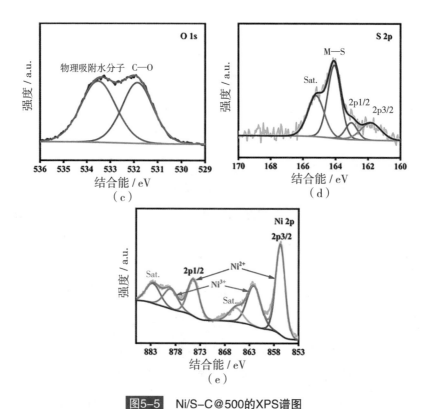

图5-5　Ni/S-C@500的XPS谱图

注:(a)为全谱;(b)为C 1s光谱;(c)为O 1s光谱;(d)为S 2p光谱;(e)
为Ni 2p光谱。

用扫描电子显微镜对Ni/S-C@500进行形貌表征,结果如图5-6
(a)和图5-6(b)所示,其形貌粗糙和松散,证明Ni/S-C@500具有
多孔结构,这种结构有利于电解液的渗透和电荷转移。同时,用透
射电子显微镜进一步测试Ni/S-C@500的形貌,结果如图5-6(c)所
示,镍纳米晶均匀地嵌入碳基底中。镍纳米晶的平均粒径为39.8 nm
[见图5-6(a)的插图],与上述根据镍(111)晶面半峰宽计算得
到的镍纳米晶颗粒的尺寸结果大体一致。此外,由HRTEM图像可以
看出,运用软件测量得到的晶面间距d为0.246 nm,归属于镍纳米晶
体的(111)面,如图5-6(d)所示,这个结果与X射线衍射分析结

果一致。同时，如图5-6（d）的插图所示，SAED图像中的环状图案
表明Ni/S-C@500具有多晶特征。SEM-EDS映射图像［图5-6（e）］
显示C、O、S、Ni元素均匀分布在硫掺杂的碳基底中，其中原子比
C∶O∶S∶Ni=65.14∶7.63∶3.48∶10.70，如图5-7所示。

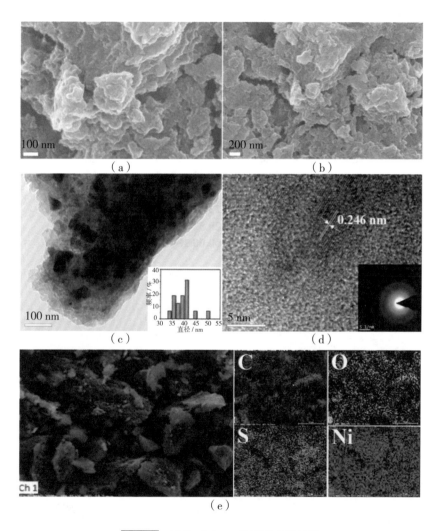

图5-6　Ni/S-C@500的形貌表征结果

注:（a）和（b）为SEM图像;（c）和（d）分别为TEM图像、HRTEM图像;（c）和（d）
中的插图分别为粒度分布与SAED模式;（e）为SEM-EDS映射图像。

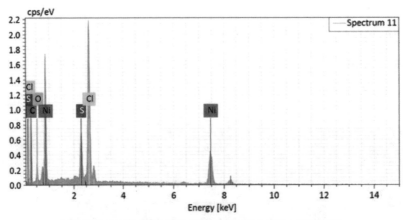

Element	Atomic numbers	Quality [%]	Normalized mass [%]	Atom [%]	abs. error [%] (1 sigma)
C	6	29.16	37.13	65.14	5.28
O	8	4.55	5.79	7.63	1.09
S	16	4.16	5.30	3.48	0.20
Cl	17	17.24	21.95	13.05	0.63
Ni	28	23.42	29.82	10.70	0.87
		78.52	100.00	100.00	

图5-7　Ni/S-C@500的EDS图像

5.3.2　电催化氧化CO（NH$_2$）$_2$性能研究

　　为了系统地研究在不同制备条件下得到的催化剂对UOR的电催化性能，我们针对NiCl$_2$浓度、浸泡时间和热解温度进行一系列对比实验。如图5-8（a）所示，浸泡时间固定为18 h，N$_2$气氛热解温度暂定为500 ℃，浸泡PPSH的NiCl$_2$溶液浓度从1 mol·L^{-1}增大到5 mol·L^{-1}，电流密度先增大，在NiCl$_2$溶液的浓度为3 mol·L^{-1}时达到峰值，这主要是由于随着NiCl$_2$溶液浓度的增大，在相同时间（18 h）内，可以负载的Ni²⁺增加。当进一步提高NiCl₂溶液的浓度时，在高浓度的镍盐溶液中，PPSH膜片的结构遭到破坏，对应的UOR电流密度减小。如图5-8（b）所示，随着浸泡时间的延长，电流密度增大，在浸泡18 h时达到峰值。继续延长PPSH膜片在NiCl₂溶液中的浸泡时间，其电化学性能反而降低，证明PPSH膜片吸附Ni²⁺在18 h时达到饱和。因此，PPSH膜片在3 mol·L⁻¹的NiCl₂溶液中浸泡18 h，在N₂气氛中、500 ℃下热解制备的催化剂对于UOR有最高的催化活性。

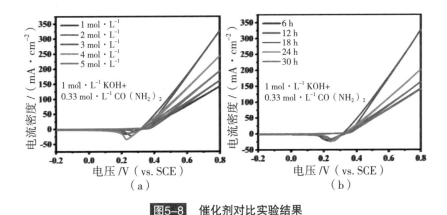

图5-8 催化剂对比实验结果

注：（a）为不同NiCl₂溶液浓度下的CV曲线；（b）为不同浸泡时间下的CV曲线；在 1 mol·L⁻¹ KOH溶液和0.33 mol·L⁻¹ CO（NH₂）₂溶液的作用下、在扫描速率为 50 mV·s⁻¹的条件下测定其CV曲线。

为了探讨催化剂的电催化性能，我们在1 mol·L⁻¹ KOH溶液中进行循环伏安测试，得到CV曲线，如图5-9所示。如图5-9（a）所示，这三个样品在电压为0.05~0.70 V（vs. SCE）时有一对氧化还原峰，这主要归因于Ni²⁺和Ni³⁺之间的可逆转换。与其他两个样品相比，Ni/S-C@500催化剂CV曲线的积分面积最大，说明Ni/S-C@500对UOR有更多的活性位点。当电解质更换为1 mol·L⁻¹ KOH溶液和0.33 mol·L⁻¹ CO（NH₂）₂溶液时，电流密度显著增大，表明此时发生UOR。如

图5-9（b）所示，在0.8 V（vs. SCE）的电压下，Ni/S–C@500的电流密度（326 mA·cm^{-2}）明显大于Ni/S–C@400（120.1 mA·cm^{-2}）和Ni/S–C@600（173.8 mA·cm^{-2}）。

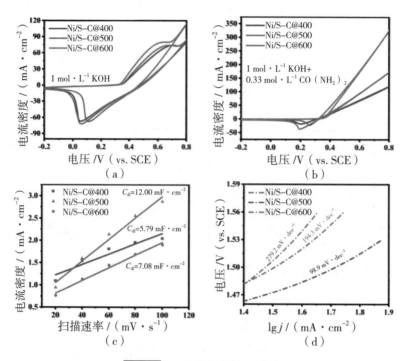

图5-9 不同催化剂的CV曲线

注：（a）为在1 mol·L^{-1} KOH溶液中；（b）为在1 mol·L^{-1} KOH溶液和0.33 mol·L^{-1}CO（NH$_2$）$_2$溶液中；（c）为Ni/S–C复合材料的双电层电容 [在固定电压为0.25 V（vs. SCE）下测量电流密度]；（d）为Ni/S–C复合材料的塔菲尔（Tafel）曲线。

为了进一步探究催化剂的电催化性能，由式（5–1）得到电流效率η（其中j为电流密度）：

$$\eta = \left(j_{UOR} - j_{OER} \right) / j_{UOR} \times 100\% \qquad (5–1)$$

Ni/S–C@400、Ni/S–C@500和Ni/S–C@600的η分别为32.5%、

64.8%、51.5%，表明Ni/S–C@500是对于UOR最有效的催化剂。

接下来研究电化学活性比表面积与催化性能的关系。如图5–10所示，在0.22~0.28 V（vs. SCE）的电压范围内，即在非法拉第反应发生的区间内，以不同的扫描速率进行循环伏安测试。

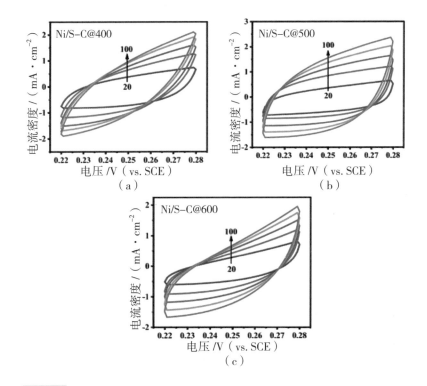

图5–10　各样品在1 mol·L^{-1} KOH溶液中、不同扫描速率（单位为mV·s^{-1}）下的CV曲线

所得*ECSA*可由式（5–2）计算：

$$ECSA=C_{dl}/C^{*} \qquad (5\text{–}2)$$

式中C^{*}为镍电极在碱性电解质中的比双电层电容，其值为60 μF·cm^{-2}；C_{dl}与双电层电容有关，可由式（5–3）得到：

$$dj = C_{dl}dv \qquad (5-3)$$

式中 v 和 j 分别为扫描速率、电流密度。如图5-9（c）所示，Ni/S-C@400、Ni/S-C@500、Ni/S-C@600的 C_{dl} 分别为5.79 mF·cm^{-2}、12.00 mF·cm^{-2}和7.08 mF·cm^{-2}。由式（5-2）计算得到Ni/S-C@400、Ni/S-C@500、Ni/S-C@600的 $ECSA$ 分别为96.5、200和118，表明Ni/S-C@500催化剂有最大的 $ECSA$，因此其可以为UOR提供更多的反应活性位点。

为了研究三个样品的UOR动力学过程，我们通过线性拟合相应的LSV曲线得到Tafel曲线，如图5-9（d）所示，依据的公式如下：

$$\eta = b\lg j + a \qquad (5-4)$$

式中 b 为Tafel斜率，a 为截距。各样品的Tafel斜率分别为279.2 mV·dec^{-1}（Ni/S-C@400）、98.9 mV·dec^{-1}（Ni/S-C@500）和194.3 mV·dec^{-1}（Ni/S-C@600），其值的排列顺序与催化剂的电催化活性相同。其中，Ni/S-C@500的Tafel斜率最小，说明其在CO（NH$_2$）$_2$氧化过程中的电荷转移速率最大，UOR的动力学过程最快。此外，空白对照实验中空白碳布、样品S-C@500在0.8 V时的电流密度分别为39 mA·cm^{-2}和60 mA·cm^{-2}，如图5-11所示，这意味着空白碳布及硫掺杂的碳材料对于催化UOR是呈惰性的，而镍纳米晶才是催化UOR的活性物质。

下面探讨扫描速率对CO（NH$_2$）$_2$电催化氧化的影响。由图5-12（a）可以看出，在1 mol·L^{-1} KOH溶液中，随着扫描速率的增大，阳极峰位置发生正向移动，阴极峰位置发生负向移动，且峰值电流密度增大。此外，峰值电流与扫描速率平方根的曲线可以拟合成一条直线，如图5-12（b）所示，这表明Ni（OH）$_2$与NiOOH之间的氧化还原反应是扩散控制过程。如图5-12（c）所示，我们在1 mol·L^{-1} KOH

溶液和0.33 mol·L^{-1} CO（NH$_2$）$_2$溶液中，在10~200 mV·s^{-1}的扫描速率下进行循环伏安测试，结果表明，随着扫描速率的增大，UOR的起始电压负移，峰值电流密度增大，这是由于Ni（OH）$_2$和NiOOH之间的转变是动力学过程控制的。

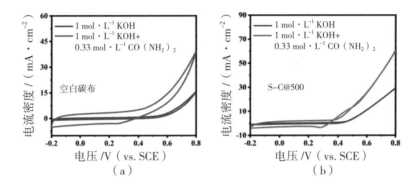

图5-11 空白碳布和S–C@500在含有、不含0.33 mol·L^{-1} CO（NH$_2$）$_2$溶液的 1 mol·L^{-1} KOH溶液中、扫描速率为50 mV·s^{-1}下的CV曲线

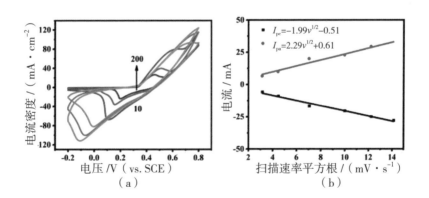

镍基/碳复合物的制备及其电催化性能研究

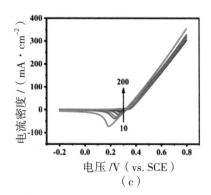

图5-12 扫描速率对CO（NH₂）₂电催化氧化的影响

注：（a）为Ni/S-C@500在1 mol·L⁻¹ KOH溶液、不同扫描速率（10~200 mV·s⁻¹）下的CV曲线；（b）为峰值电流与扫描速率平方根的拟合直线；（c）为Ni/S-C@500在1 mol·L⁻¹ KOH溶液、0.33 mol·L⁻¹ CO（NH₂）₂溶液中、不同扫描速率（10~200 mV·s⁻¹）下的CV曲线。

下面研究Ni/S-C@500催化剂在不同浓度的KOH溶液中对UOR性能的影响，其中CO（NH₂）₂的浓度固定为0.33 mol·L⁻¹。从图5-13（a）中可以看出，随着KOH溶液的浓度从0.1 mol·L⁻¹增大到2 mol·L⁻¹，电流密度不断增大，这主要是由于在电极的界面处OH⁻浓度升高导致溶液的电导率增大。值得注意的是，无论是还原峰电压还是起始电压都发生负移。当KOH溶液的浓度从1 mol·L⁻¹增大到2 mol·L⁻¹时，电流密度略有减小，说明多余的KOH对UOR的增强没有贡献，而1 mol·L⁻¹是对于Ni/S-C@500而言催化UOR较适宜的KOH溶液浓度。上述结果表明，适宜的KOH溶液浓度有助于促进催化剂催化UOR的动力学过程。

下面探讨CO（NH₂）₂溶液浓度对UOR性能的影响，其中KOH溶液的浓度固定为1 mol·L⁻¹。由图5-13（b）可以看出，当CO（NH₂）₂溶液浓度达到0.33 mol·L⁻¹时，电流密度达到最大，而当CO（NH₂）₂溶液浓度超过0.33 mol·L⁻¹时，电流密度开始减小，这主要是由溶液中电导率的降低引起的。因此，在接下来的探索实验中，选择1 mol·L⁻¹

118

KOH溶液和0.33 mol·L⁻¹CO（NH₂）₂溶液作为电解质。值得注意的是，人类和动物的尿液等生活污水可视为UOR的天然电解质［CO（NH₂）₂浓度大约为0.33 mol·L⁻¹］，而本章制备出的Ni/S–C@500催化剂恰好在相同CO（NH₂）₂溶液浓度的电解质中催化活性最高，有潜力被进一步开发为电催化氧化富含CO（NH₂）₂废水的催化剂。

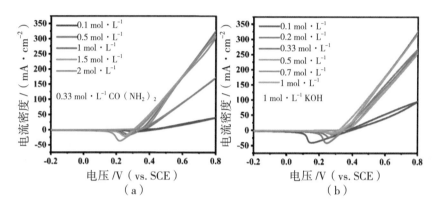

图5-13 Ni/S–C@500在50 mV·s⁻¹扫描速率下的CV曲线

注：（a）为在0.33 mol·L⁻¹ CO（NH₂）₂溶液、不同浓度（0.1~2 mol·L⁻¹）KOH溶液中的CV曲线；（b）为在1 mol·L⁻¹ KOH溶液、不同浓度（0.1~1 mol·L⁻¹）CO（NH₂）₂溶液中的CV曲线。

为了比较Ni/S–C@500催化剂与贵金属Pt/C（20%）催化剂对UOR的电催化性能，我们在相同的条件下进行对比实验。如图5-14（a）和图5-14（b）所示，在0.6 V（vs. SCE）的电压下，Ni/S–C@500的j值（177 mA·cm⁻²）远远超过商业Pt/C（20%）催化剂（47.2 mA·cm⁻²），这意味着Ni/S–C@500有望替代贵金属基催化剂应用于UOR。

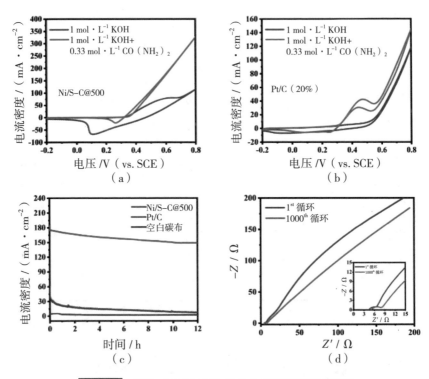

图5-14 Ni/S−C@500与Pt/C的电催化UOR性能对比

注：（a）和（b）分别为Ni/S−C@500、Pt/C在1 mol·L⁻¹ KOH溶液以及1 mol·L⁻¹ KOH溶液+0.33 mol·L⁻¹CO（NH₂）₂溶液中的CV曲线（扫描速率为50 mV·s⁻¹）；（c）为在0.6 V（vs. SCE）电压下、1 mol·L⁻¹ KOH溶液+0.33 mol·L⁻¹CO（NH₂）₂溶液中的12 h循环伏安测试结果；（d）为Ni/S−C@500在i−t测试前、后的EIS图像（插图为高频区的放大视图）。

为了测试Ni/S−C@500的长时间稳定性，我们在0.6 V（vs. SCE）下进行12 h的循环伏安测试。如图5−14（c）所示，随着测试时间的延长，电流密度略有减小，这主要归因于随着UOR的进行，溶液中的CO（NH₂）₂不断消耗，CO（NH₂）₂溶液的浓度降低。此外，可以看出Ni/S−C@500的CA曲线有小幅度的波动，这主要是催化氧化过程中产生的气泡从电极表面吸附、分离导致的。而在不到8 h的测试时间内，Pt/C催化剂的电流密度从60 mA·cm⁻²迅速减小到10 mA·cm⁻²，这说明在UOR过程中，Pt/C催化剂可能被CO（NH$_2$）$_2$氧化过程中生成的中间产物毒化，导致其电催化活性严重降低乃至失活。为了更严谨地探究Ni/S–C@500中电催化UOR的活性物质，需要做空白对照实验。在循环伏安测试中，空白碳布的电流密度最小（小于4.2 mA·cm^{-2}），证明空白碳布对于UOR呈惰性，镍纳米晶是电催化UOR的活性物质。值得一提的是，经过12 h的循环伏安测试，Ni/S–C@500的电流密度保留率为80%，这表明Ni/S–C@500催化剂在长时间的UOR过程中依然具有良好的稳定性。

为了探究Ni/S–C@500催化剂在UOR过程中的电荷转移速率，我们在12 h i–t测试前、后分别进行了电化学阻抗测试。如图5–14（d）所示，电极的电荷转移电阻以半圆表示，电极的电容行为以直线表示。等效接触电阻（即x轴截距）从4.44 Ω（1st）逐渐增大到5.10 Ω（1000th）。同时，从图5–14（d）中可以看出，低频区两条直线的斜率相似，说明电极的电容行为几乎没有变化。电化学阻抗测试结果表明，Ni/S–C@500催化剂在长期循环使用后仍保持良好的导电性。

5.3.3   电催化氧化CH$_3$OH性能研究

为了系统地研究在不同制备条件下得到的催化剂对MOR的电催化性能，我们针对NiCl$_2$溶液浓度、浸泡时间和热解温度进行一系列对比实验，N$_2$气氛下的热解温度固定为500 ℃。如图5–15（a）所示，浸泡所用的NiCl$_2$溶液的浓度从1 mol·L^{-1}增大到5 mol·L^{-1}时，电流密度先增大，达到峰值时NiCl$_2$溶液的浓度为3 mol·L^{-1}，这主要是由于在相同的浸泡时间（18 h）下，随着NiCl$_2$溶液浓度的增大，PPSH膜片可以负载更多的Ni^{2+}。而进一步提高NiCl$_2$溶液浓度后，由于PPSH膜片的

结构在高浓度的镍盐溶液中遭到破坏，因此电流密度开始减小。如图
5-15（b）所示，当NiCl$_2$溶液的浓度固定为3 mol·L^{-1}时，随着浸泡时
间的延长，电流密度先增大，在浸泡18 h时达到峰值。当吸附达到饱
和时，继续延长浸泡时间对提高吸附性能没有影响，反而使得PPSH
膜片的结构遭到破坏。因此，将PPSH膜片在3 mol·L^{-1} NiCl$_2$溶液中浸
泡18 h后，在N$_2$气氛中500 ℃热解2 h制备得到的催化剂具有最好的
MOR电催化活性。

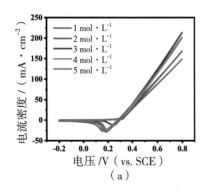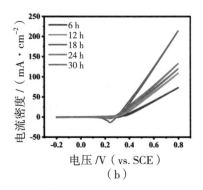

（a）　　　　　　　　　　　（b）

图5-15　PPSH膜片浸泡在不同浓度NiCl$_2$溶液中及不同时间制备催化剂的CV曲线

注：（a）为浸泡在不同浓度NiCl$_2$溶液中18 h的CV曲线；（b）为浸泡在
3 mol·L^{-1} NiCl$_2$溶液中不同时间的CV曲线；电解液为1 mol·L^{-1}
KOH溶液和1 mol·L^{-1} CH$_3$OH溶液，扫描速率为50 mV·s^{-1}。

将电解液更换为1 mol·L^{-1} KOH溶液和1 mol·L^{-1} CH$_3$OH溶
液，当电压超过0.3 V（vs. SCE）时，电流密度相较于同一电极在
1 mol·L^{-1} KOH溶液中显著增大，表明此时开始发生MOR。如图
5-16（a）所示，在电压为0.8 V（vs. SCE）时，Ni/S-C@500的电流
密度（213.4 mA·cm^{-2}）明显大于Ni/S-C@400（91.2 mA·cm^{-2}）和Ni/
S-C@600（147.3 mA·cm^{-2}），表明Ni/S-C@500是具有最高MOR电催化
活性的催化剂。在对比实验中，将没有浸泡NiCl$_2$溶液的PPSH膜片经

过相同的制备步骤，在500 ℃的N₂气氛中热解得到S–C@500催化剂。
由图5-16（b）可知，在1 mol·L⁻¹ KOH溶液中，没有出现氧化还原峰，
在1 mol·L⁻¹ CH₃OH溶液中，在0.8 V（vs. SCE）的电压下，电流密度
仅为47.7 mA·cm⁻²，远远小于Ni/S–C@500（213.4 mA·cm⁻²），这表明
PPSH在N₂气氛中热解的硫掺杂碳材料不是电催化MOR的活性物质，
PPSH通过浸渍法负载上对于MOR有电催化活性的镍物种。

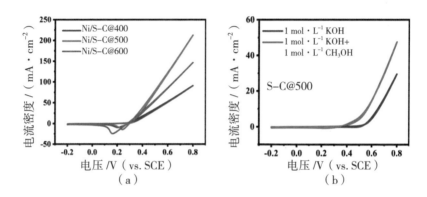

图5-16 各样品及对比实验的循环伏安测试结果

注：（a）为不同样品在1 mol·L⁻¹ KOH溶液和1 mol·L⁻¹ CH₃OH溶液中的CV曲线
（扫描速率为50 mV·s⁻¹）；（b）为S–C@500的CV曲线。

下面考察Ni/S–C@500催化剂在不同浓度的KOH溶液中对MOR电
催化性能的影响，其中CH₃OH溶液的浓度固定为1 mol·L⁻¹。由图5-17
（a）可以看出，随着KOH溶液的浓度从0.1 mol·L⁻¹增大到2 mol·L⁻¹，
电流密度增大，这主要是由于在电极的界面处OH⁻浓度升高导致电导
率增大。值得注意的是，无论是还原峰电压还是起始电压都发生负
移。当KOH溶液的浓度从1 mol·L⁻¹增大到2 mol·L⁻¹时，电流密度略有
减小，说明多余的KOH对MOR的增强没有贡献，而对于Ni/S–C@500
而言，1 mol·L⁻¹是较适宜的电催化MOR的KOH溶液浓度。上述结果
表明，适宜的KOH溶液浓度有助于促进MOR的动力学过程。

下面用Ni/S–C@500催化剂来考察CH₃OH溶液的浓度对MOR电催

化性能的影响，其中KOH溶液的浓度固定为1 mol·L^{-1}。由图5-17（b）可以看出，当CH$_3$OH溶液的浓度达到1 mol·L^{-1}时，电流密度达到最大，而当CH$_3$OH溶液的浓度超过1 mol·L^{-1}时，电流密度开始减小，这主要是由溶液中电导率的降低引起的。因此，在接下来的探索实验中，选择1 mol·L^{-1} KOH溶液和1 mol·L^{-1} CH$_3$OH溶液作为MOR电解液。

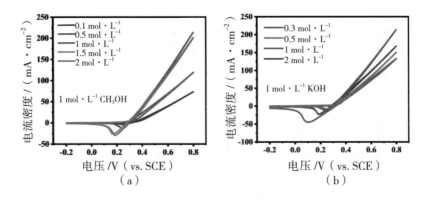

图5-17　Ni/S-C@500在不同浓度KOH溶液和CH$_3$OH溶液中的CV曲线

注：（a）为在1 mol·L^{-1} CH$_3$OH溶液、不同浓度KOH溶液中的CV曲线；

（b）为在1 mol·L^{-1} KOH溶液、不同浓度CH$_3$OH溶液中的CV曲线；扫描速率固

定为50 mV·s^{-1}。

为了测试Ni/S-C@500的稳定性，我们在0.6 V（vs. SCE）下进行12 h的循环伏安测试。如图5-18（a）所示，随着测试时间的延长，Ni/S-C@500的电流密度从123.7 mA·cm^{-2}减小到82.9 mA·cm^{-2}，这主要归因于随着MOR的进行，溶液中的CH$_3$OH不断消耗，溶液浓度降低。此外，可以看出Ni/S-C@500的CA曲线有小幅度的波动，这主要是电催化氧化过程中产生的气泡从电极表面吸附、分离的结果。而在不到7 h的测试时间内，Pt/C催化剂的电流密度从60 mA·cm^{-2}迅速减小到10 mA·cm^{-2}，这说明在MOR过程中Pt/C催化剂可能被产生的中间产物毒化，导致其电催化活性严重降低乃至失活。为了更严谨地探究Ni/

S-C@500中电催化MOR的活性物质，需要做空白对照实验。在循环伏安测试中，空白碳布的电流密度最小（小于5 mA·cm⁻²），证明空白碳布对于MOR呈惰性，镍纳米晶是电催化MOR的活性物质。值得一提的是，经过12 h的循环伏安测试，Ni/S-C@500的电流密度保留率为67%，这表明Ni/S-C@500催化剂在长时间的MOR过程中依然具有良好的稳定性。

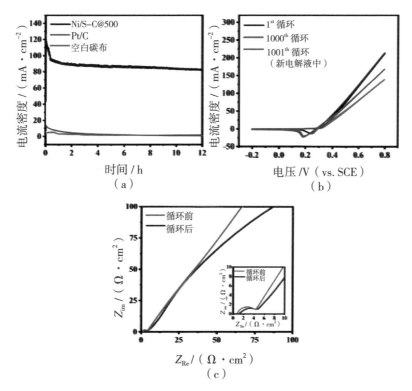

图5-18　Ni/S-C@500稳定性测试结果

注：（a）为Ni/S-C@500、Pt/C和空白碳布12 h的i–t曲线［在0.6 V（vs. SCE）下、1 mol·L⁻¹ KOH溶液和1 mol·L⁻¹ CH₃OH溶液中测定］；（b）为Ni/S-C@500催化剂的CV曲线；（c）为1000次循环伏安测试前、后的EIS图像（插图为高频区的放大视图）。

如图5-18（b）所示，在0.8 V（vs. SCE）电压下（扫描速率固定为50 mV·s^{-1}）经过1000次的循环伏安测试后，Ni/S-C@500催化剂的电流密度从213.4 mA·cm^{-2}减小到138.5 mA·cm^{-2}。而此时将电解液更换为新配制的1 mol·L^{-1} KOH溶液和1 mol·L^{-1} CH$_3$OH溶液后进行循环伏安测试，得到的电流密度为167.6 mA·cm^{-2}，电流密度为初始值的78%，这表明Ni/S-C@500具有良好的稳定性，电流密度的减小是由于CH$_3$OH的不断消耗导致其浓度逐渐降低，更换新的电解液后，电流密度得到回升，说明催化剂自身的电催化活性在长时间循环伏安测试后得到较好的保持。

为探究Ni/S-C@500催化剂在MOR过程中的电荷转移速率，我们在12 h 循环伏安测试前、后分别进行了电化学阻抗测试。如图5-18（c）所示，电极的电荷转移电阻以半圆表示，电极的电容行为以直线表示。等效接触电阻（即x轴截距）从0.85 Ω·cm^2（1st）逐渐增大到1.29 Ω·cm^2（1000th）。同时，低频区两条直线的斜率相似，说明电极的电容行为几乎没有变化。电化学阻抗测试结果表明，Ni/S-C@500催化剂在长期循环使用后仍保持良好的导电性。

5.4 本章小结

本章选用PPSH水凝胶作为含硫碳源前驱体，采用浸渍法、热解法制备得到Ni/S-C@T催化剂，经过一系列优化实验发现，将PPSH水凝胶在3 mol·L^{-1}的NiCl$_2$溶液中浸泡18 h，在N$_2$气氛中500 ℃下热解2 h制备得到的Ni/S-C@500的电化学性能最佳。Ni/S-C@500催化剂在0.8 V（vs. SCE）下对CH_3OH的电流密度达到213 mA·cm^{-2}，对$CO（NH_2）_2$的电流密度为326 mA·cm^{-2}。Ni/S–C@500催化剂的电流密度经过12 h的i–t测试后，在CH_3OH和$CO（NH_2）_2$中的保留率分别为67%、80%。Ni/S–C@500对于UOR和MOR有优异的电催化活性及稳定性，主要归因于在适中的热解温度（500 ℃）下可得到尺寸适宜的镍纳米晶，它作为UOR和MOR的活性物质被包裹在硫掺杂的碳材料中得到了很好的保护。Ni（Ⅲ）对于MOR、UOR而言是催化活性物种，根据X射线光电子能谱分析数据可以看出，Ni（Ⅲ）与S形成Ni—S键，稳定了活性的Ni（Ⅲ），同时生成的Ni_3S_2具有良好的导电性，而硫掺杂的碳基底有助于提高催化剂的导电性和对氧物种的活性吸附。

结论与展望

6.1 结论

　　本书主要选用PPH、PPSH导电高分子水凝胶作为碳源前驱体，采用不同的方法（浸渍法、水热法）负载过渡金属盐$NiCl_2$、$Ni(OH)_2$沉淀，在N_2气氛中、不同热解温度下制备得到Ni/N–C@T、Ni/NiO–N–C–T和Ni/S–C@T等一系列镍纳米晶、镍纳米晶/氧化镍均匀嵌在氮掺杂、硫掺杂的碳基质上的催化剂，通过热重分析、X射线衍射分析、拉曼光谱分析、扫描电子显微镜分析、透射扫描电子显微镜分析、X射线光电子能谱分析等对催化剂进行了结构与形貌表征。本书主要研究了在直接燃料电池［以CH_3OH和$CO(NH_2)_2$为燃料］中阳极反应均为6电子转移过程的催化剂的电催化氧化性能，得出的结论如下：

　　（1）以PPH作为碳源前驱体，采用浸渍法、热解法制备得到Ni/N–C@T催化剂，通过系统地改变制备条件可以调节Ni/N–C复合材料的化学结构和电催化活性。将PPH在5 mol·L^{-1}的NiCl$_2$溶液中浸泡18 h后，在N$_2$气氛中500 ℃热解制备得到的Ni/N–C@500的电化学性能最佳。Ni/N–C@500催化剂在0.6 V（vs. SCE）下氧化CH$_3$OH的电流密度达到146.7 mA·cm^{-2}。Ni/N–C@500催化剂经过500次循环伏安测试后的电流密度保留率为87.1%。在CO抗中毒实验中，Ni/N–C@500催化剂在CO饱和的电解液中对MOR的电流密度为初始值的85%。Ni/N–C@500催化剂在0.6 V（vs. SCE）下氧化CO（NH$_2$）$_2$的电流密度为192.7 mA·cm^{-2}，经过1000次循环伏安测试后的电流密度保留率为79%。经过12 h的i–t测试后，用扫描电子显微镜对Ni/N–C@500的形貌进行表征，结果表明其形貌与催化反应前保持一致。Ni/N–C@500具有优异的电化学活性及稳定性，得益于在500 ℃下热解得到尺寸适宜的镍纳米晶，对于电催化氧化CH$_3$OH和CO（NH$_2$）$_2$有活性的镍纳米晶被包裹在氮掺杂的碳材料中得到很好的保护，同时氮掺杂的碳基质起到了导电支撑的作用，促进催化反应过程中电子的传递与转移。

（2）以PPH作为碳源前驱体，采用水热法、热解法制备得到Ni/NiO–N–C–T催化剂。经过一系列优化实验，将PPH置于80 ℃的不锈钢反应釜中反应18 h，在N$_2$气氛中500 ℃热解制备得到的Ni/NiO–N–C–500催化剂的电化学性能最佳。Ni/NiO–N–C–500催化剂在0.8 V（vs. SCE）下氧化CH$_3$OH的电流密度达到178.1 mA·cm^{-2}，氧化CO（NH$_2$）$_2$的电流密度为301 mA·cm^{-2}，经过12 h的i–t测试后，电流密度保留率分别为74%和76%。经过12 h的i–t测试后通过扫描电子显微镜分析、透射扫描电子显微镜分析、X射线光电子能谱分析对Ni/NiO–N–C–500进行表征，结果表明催化反应后其形貌、微观结构和价态分布与测试之前保持一致。Ni/NiO–N–C–500对于CH$_3$OH和CO（NH$_2$）$_2$有优异的电化学活性及稳定性，这主要归因于在适中的热解温度（500 ℃）下制备得到的镍纳米晶与NiO共存。一方面活性物质镍纳米晶、NiO之间的协同效应使其对于MOR和UOR有较好的活性，另一方面活性物质镍纳米晶、NiO被包裹在氮掺杂的碳材料中得到很好的保护，因此该催化剂具有较好的稳定性。

（3）以PPSH水凝胶作为碳源前驱体，采用浸渍法、热解法制备得到Ni/S-C@T催化剂。经过一系列优化实验，将PPSH在3 mol·L^{-1}的NiCl$_2$溶液中浸泡18 h，在N$_2$气氛中500 ℃下热解制备得到的Ni/S-C@500的电化学性能最佳。Ni/S-C@500催化剂在0.8 V（vs. SCE）下氧化CH$_3$OH的电流密度达到213.4 mA·cm^{-2}，氧化CO（NH$_2$）$_2$的电流密度为326 mA·cm^{-2}。Ni/S-C@500催化剂的电流密度经过12 h的i-t测试后，在CH$_3$OH和CO（NH$_2$）$_2$中的保留率分别为67%、80%。Ni/S-C@500对于MOR和UOR有优异的电化学活性及稳定性，主要归因于在适中的热解温度（500 ℃）下可得到尺寸适宜的镍纳米晶，它作为MOR和UOR的活性物质被包裹在硫掺杂的碳材料中得到了很好的保护。Ni（Ⅲ）对于MOR、UOR而言是催化活性物种，根据X射线光电子能谱分析数据可以看出，Ni（Ⅲ）与S形成Ni—S键，稳定了活性的Ni（Ⅲ），同时生成的Ni$_3$S$_2$具有良好的导电性，而硫掺杂的碳基底有助于提高催化剂的导电性和对氧物种的活性吸附。

综上所述，可通过在碳材料中掺杂N元素或S元素来调控过渡金属Ni电催化氧化不同小分子［CH$_3$OH和CO（NH$_2$）$_2$］的活性。以上结果均证明N元素或S元素的引入可以固定具有催化活性的Ni（Ⅲ），使其电子结合能正向偏移，带有更多的正电荷，从而具有更好的电催化氧化CH$_3$OH、CO（NH$_2$）$_2$活性，同时氮或硫掺杂的碳基质可以很好地保护催化活性物质镍纳米晶或氧化镍纳米晶，使其具有很好的催化稳定性。

本书制备得到的三种性能最优的材料分别为Ni/N-C@500、Ni/NiO-N-C-500和Ni/S-C@500催化剂，它们对于MOR和UOR的电催化性能见表6-1。

表6-1　三种催化剂的电催化MOR、UOR性能对比

催化剂	电压 （vs. SCE）	MOR电流密度及 i-t 12 h保留率	UOR电流密度及 i-t 12 h保留率
Ni/N–C@500	0.6 V	146.7，87.1%	192.7，79.0%
Ni/NiO–N–C–500	0.8 V	178.1，74%	301，76%
Ni/S–C@500	0.8 V	213.4，67%	326，80%

注：电流密度单位为mA·cm^{-2}。

6.2　本书创新点

（1）本书采用导电高分子水凝胶作为碳源前驱体，采用浸渍法、水热法和热解法负载镍盐、Ni（OH）$_2$，使得催化活性组分可以在碳载体中均匀分散，较少出现团聚现象。

（2）本书选取含有N元素或S元素的导电高分子水凝胶，通过杂原子掺杂来调整复合材料中的电子结构。

6.3 研究展望

　　本书制备了一系列镍基氮掺杂、镍基硫掺杂的用于氧化CH$_3$OH和CO（NH$_2$）$_2$的电催化剂，并对其进行了结构表征及电催化性能研究，探讨了不同制备条件下所得催化剂的构效关系，取得了一定的研究成果，但仍存在一些不足之处。例如材料的制备方法（浸渍法、水热法、热解法）相对传统；粉体催化剂采用滴涂法制备成工作电极，在测试过程中难免会存在少量脱落的情况；对于反应过程中生成的中间产物、最终产物未用相应的检测手段及时跟踪，具体的反应机理尚未明确。结合当前燃料电池电催化领域的研究热点和工作，今后我们可以在以下几个方面继续深入研究。

　　（1）创新实验方法

　　在下一步工作中可以尝试采用模板法、溶剂-凝胶法、化学镀、电沉积法、化学气相沉积法等方法制备形貌、结构各异的催化剂；在导电高分子水凝胶形成之初就加入对催化有活性的金属盐，形成一体的导电高分子水凝胶，简化后续负载步骤；通过调控碳材料的微观结构以及活性金属材料的形貌与尺寸进一步调控材料的催化性能。

　　（2）制备块体催化剂

　　在长时间的测试中，粉体催化剂的活性物质可能出现从电极表面脱落的现象，这会影响催化剂的稳定性以及燃料电池的使用寿命。可以探索采用电沉积法、化学镀、静电纺丝等方法制备出可以直接用作工作电极的块体催化剂，从而在一定程度上缓解催化剂脱落状况，同时进一步提高催化剂的稳定性。

　　（3）预测反应机理

　　采用旋转圆盘电极、气相色谱和液相色谱等实时检测电解液的成分以及反应生成的气体，确定MOR和UOR的中间产物及最终产物，较准确地推测CH_3OH和$CO(NH_2)_2$氧化过程的反应机理，从而为设计性能优异的催化剂提供一定的理论依据。

（4）拓宽镍基催化剂的应用范围

对于镍基催化剂而言，可以进一步拓宽燃料电池中燃料的选择范围，不局限于CH_3OH、$CO(NH_2)_2$，可以尝试研究催化剂对于其他富氢燃料（如水合肼、CH_3CH_2OH和$HCOOH$等）的催化性能。

参考文献

[1]   DU P W,EISENBERG R.Catalysts made of earth-abundant elements(Co,Ni,Fe)for water splitting:recent progress and future challenges[J].Energy & environmental science,2012,5(3):6012-6021.

[2]   LEWIS N S,NOCERA D G.Powering the planet:chemical challenges in solar energy utilization[J].Proceedings of the National Academy of Sciences of the United States of America, 2006,103(43):15729-15735.

[3]   KÄRKÄS M D,VERHO O,JOHNSTON E V,et al.Artificial photosynthesis:molecular systems for catalytic water oxidation[J]. Chemical reviews,2014,114(24):11863-12001.

[4]   ZHANG J T,SMITH N,ASHER S A.Two-dimensional photonic crystal surfactant detection[J].Analytical chemistry, 2012,84(15):6416-6420.

[5]   SHARAF O Z,ORHAN M F.An overview of fuel cell technology:fundamentals and applications[J].Renewable and sustainable energy reviews,2014,32:810-853.

[6]   PEI P C,CHEN H C.Main factors affecting the lifetime of proton exchange membrane fuel cells in vehicle applications:a review[J]. Applied energy,2014,125:60-75.

[7]   佟月宇.碱性直接甲醇燃料电池阳极镍磷复合催化剂的研究[D].杭州:浙江大学,2016.

[8]   ZHAO X,YIN M,MA L,et al.Recent advances in catalysts for direct methanol fuel cells[J].Energy & environmental science,2011,4(8):2736–2753.

[9]   CHANG J F,FENG L G,LIU C P,et al.Ni_2P enhances the activity and durability of the Pt anode catalyst in direct methanol fuel cells[J].Energy & environmental science,2014,7(5):1628–1632.

[10]   夏朝阳,黄爱宾,汪洋,等.碱性电解质膜直接甲醇燃料电池[J].电池,2004,34(3):227–228.

[11]   黄华杰.基于纳米碳材料的直接甲醇燃料电池阳极催化剂的控制合成及性能研究[D].南京:南京理工大学,2014.

[12]   AWANG N,ISMAIL A F,JAAFAR J,et al.Functionalization of polymeric materials as a high performance membrane for direct methanol fuel cell:a review[J].Reactive & functional polymers,2015,86:248–258.

[13]   TIWARI J N,TIWARI R N,SINGH G,et al.Recent progress in the development of anode and cathode catalysts for direct methanol fuel cells[J].Nano Energy,2013,2(5):553–578.

[14]   BIANCHINI C,SHEN P K.Palladium–based electrocatalysts for alcohol oxidation in half cells and in direct alcohol fuel cells[J].Chemical reviews,2009,109(9):4183–4206.

[15]   LUO Q,PENG M Y,SUN X P,et al.In situ growth of nickel selenide nanowire arrays on nickel foil for methanol electro–oxidation in alkaline media[J].RSC advances,2015,5(106):87051–87054.

[16]   BIN D,YANG B B,REN F F,et al.Facile synthesis of PdNi nanowire networks supported on reduced graphene oxide with

enhanced catalytic performance for formic acid oxidation[J].Journal of materials chemistry a,2015,3(26):14001–14006.

[17]   RENJITH A,LAKSHMINARAYANAN V.One step preparation of 'ready to use' Au@Pd nanoparticle modified surface using deep eutectic solvents and a study of its electrocatalytic properties in methanol oxidation reaction[J].Journal of materials chemistry a,2015,3(6):3019–3028.

[18]   XIE F,MA L,GAN M Y,et al.One–pot construction of the carbon spheres embellished by layered double hydroxide with abundant hydroxyl groups for Pt–based catalyst support in methanol electrooxidation[J].Journal of power sources,2019,420:73–81.

[19]   WANG J,TESCHNER D,YAO Y Y,et al.Fabrication of nanoscale NiO/Ni heterostructures as electrocatalysts for efficient methanol oxidation[J].Journal of materials chemistry a,2017,5(20):9946–9951.

[20]   ZHANG D M,ZHANG J J,WANG H Y,et al.Novel Ni foam based nickel oxalate derived porous NiO nanostructures as highly efficient electrodes for the electrooxidation of methanol/ethanol and urea[J].Journal of alloys & compounds,2019,806:1419–1429.

[21]   WU F H,ZHANG Z L,ZHANG F S,et al.Exploring the role of cobalt in promoting the electroactivity of amorphous Ni–B nanoparticles toward methanol oxidation[J].Electrochimica acta,2018,287:115–123.

[22]   ULLAH N,XIE M,OLUIGBO C J,et al.Nickel and cobalt in situ grown in 3–dimensional hierarchical porous graphene for effective methanol electro–oxidation reaction[J].Journal of electroanalytical chemistry,2019,838:7–15.

[23]   PIETA I S,RATHI A,PIETA P,et al.Electrocatalytic methanol

oxidation over Cu,Ni and bimetallic Cu–Ni nanoparticles supported on graphitic carbon nitride[J].Applied catalysis b:environmental, 2019,244:272–283.

[24] BOGGS B K,KING R L,BOTTE G G.Urea electrolysis:direct hydrogen production from urine[J].Chemical communications, 2009(32):4859–4861.

[25] CHANG J J,WU S Q,DAI Y R,et al.Nitrogen removal from nitrate–laden wastewater by integrated vertical–flow constructed wetland systems[J].Ecological engineering,2013,58:192–201.

[26] YAN W,WANG D,BOTTE G G.Electrochemical decomposition of urea with Ni–based catalysts[J].Applied catalysis b:environmental, 2012,127:221–226.

[27] SIMKA W,PIOTROWSKI J,ROBAK A,et al.Electrochemical treatment of aqueous solutions containing urea[J].Journal of applied electrochemistry,2009,39(7):1137–1143.

[28] LAN R,TAO S W,IRVINE J T S.A direct urea fuel cell–power from fertiliser and waste[J].Energy & environmental science,2010,3(4):438–441.

[29] GUO F,CAO D X,DU M M,et al.Enhancement of direct urea–hydrogen peroxide fuel cell performance by three–dimensional porous nickel–cobalt anode[J].Journal of power sources,2016,307:697–704.

[30] ABRAHAM F,DINCER I.Thermodynamic analysis of direct urea solid oxide fuel cell in combined heat and power applications[J]. Journal of power sources,2015,299:544–556.

[31] MOHAMED I M A,YASIN A S,BARAKAT N A M,et al. Electrocatalytic behavior of a nanocomposite of Ni/Pd supported by

carbonized PVA nanofibers towards formic acid,ethanol and urea oxidation:a physicochemical and electro–analysis study[J].Applied surface science,2018,435(3):122–129.

[32] GUO F,YE K,CHENG K,et al.Preparation of nickel nanowire arrays electrode for urea electro–oxidation in alkaline medium[J]. Journal of power sources,2015,278:562–568.

[33] WU M S,JI R Y,ZHENG Y R.Nickel hydroxide electrode with a monolayer of nanocup arrays as an effective electrocatalyst for enhanced electrolysis of urea[J].Electrochimica acta,2014,144:194– 199.

[34] LU S,HUMMEL M,GU Z R,et al.Highly efficient urea oxidation via nesting nano–nickel oxide in eggshell membrane–derived carbon[J]. ACS sustainable chemistry & engineering,2021,9(4):1703–1713.

[35] SINGH R K,SCHECHTER A.Electrochemical investigation of urea oxidation reaction on β Ni(OH)$_2$ and Ni/Ni(OH)$_2$[J].Electrochimica acta,2018,278:405–411.

[36] YANG W,YANG X,LI B,et al.Ultrathin nickel hydroxide nanosheets with a porous structure for efficient electrocatalytic urea oxidation[J].Journal of materials chemistry a,2019,7(46):26364– 26370.

[37] PERIYASAMY S,SUBRAMANIAN P,LEVI E,et al.Exceptionally active and stable spinel nickel manganese oxide electrocatalysts for urea oxidation reaction[J].ACS applied materials and interfaces, 2016,8(19):12176–12185.

[38] ZENG M,WU J H,LI Z Y,et al.Interlayer effect in NiCo layered double hydroxide for promoted electrocatalytic urea oxidation[J]. ACS sustainable chemistry and engineering,2019,7(5):4777–4783.

[39] DING R,QI L,JIA M J,et al.Facile synthesis of mesoporous spinel NiCo$_2$O$_4$ nanostructures as highly efficient electrocatalysts for urea electro–oxidation[J].Nanoscale,2014,6(3):1369–1376.

[40] SHA L N,YE K,WANG G,et al.Rational design of NiCo$_2$S$_4$ nanowire arrays on nickle foam as highly efficient and durable electrocatalysts toward urea electrooxidation[J].Chemical engineering journal,2019,359:1652–1658.

[41] HU S N,FENG C Q,WANG S Q,et al.Ni$_3$N/NF as bifunctional catalysts for both hydrogen generation and urea decomposition[J]. ACS applied materials and interfaces,2019,11(14):13168–13175.

[42] LIU H P,ZHU S L,CUI Z D,et al.Ni$_2$P nanoflakes for the high–performing urea oxidation reaction:linking active sites to a UOR mechanism[J].Nanoscale,2021,13(3):1759–1769.

[43] WANG G,YE K,SHAO J Q,et al.Porous Ni$_2$P nanoflower supported on nickel foam as an efficient three–dimensional electrode for urea electro–oxidation in alkaline medium[J].International journal of hydrogen energy,2018,43(19):9316–9325.

[44] VEDHARATHINAM V,BOTTE G G.Direct evidence of the mechanism for the electro–oxidation of urea on Ni(OH)$_2$ catalyst in alkaline medium[J].Electrochimica acta,2013,108:660–665.

[45] 刘炳瑞.基于钴纳米晶的高性能电化学催化剂的制备及电解水性能的研究[D].合肥: 中国科学技术大学,2017.

[46] COMIGNANI V,SIEBEN J M,BRIGANTE M E,et al.Manganese(Ⅱ ,Ⅲ)oxide–activated carbon black supported PtRu nanoparticles for methanol electrooxidation in acid medium[J]. ChemElectroChem,2018,5(15):2118–2125.

[47] HUANG X X,CHEN Y,WANG X X,et al.Porous–structured

platinum nanocrystals supported on a carbon nanotube film with super catalytic activity and durability[J].Journal of materials chemistry a,2015,3(15):7862–7869.

[48]   IIJIMA S.Helical microtubules of graphitic carbon[J]. Nature,1991,354:56–58.

[49]   GUO S J,DONG S J,WANG E K.Pt/Pd bimetallic nanotubes with petal–like surfaces for enhanced catalytic activity and stability towards ethanol electrooxidation[J].Energy & environmental science,2010,3(9):1307–1310.

[50]   YANG H L,ZHANG X Y,ZOU H,et al.Palladium nanoparticles anchored on three–dimensional nitrogen–doped carbon nanotubes as a robust electrocatalyst for ethanol oxidation[J].ACS sustainable chemistry and engineering,2018,6(6):7918–7923.

[51]   LIANG L,XIAO M L,ZHU J B,et al.Low–temperature synthesis of nitrogen doped carbon nanotubes as promising catalyst support for methanol oxidation[J].Journal of energy chemistry,2019,28:118–122.

[52]   LIANG J,JIAO Y,JARONIEC M,et al.Sulfur and nitrogen dual– doped mesoporous graphene electrocatalyst for oxygen reduction with synergistically enhanced performance[J].Angewandte chemie, 2012,124(46):11664–11668.

[53]   ZHENG Y,JIAO Y,LI L H,et al.Toward design of synergistically active carbon–based catalysts for electrocatalytic hydrogen evolution[J].ACS nano,2014,8(5):5290–5296.

[54]   WANG L,YIN F X,YAO C X.N–doped graphene as a bifunctional electrocatalyst for oxygen reduction and oxygen evolution reactions in an alkaline electrolyte[J].International journal of hydrogen

energy,2014,39(28):15913–15919.

[55]　ROY A,JADHAV H S,CHO M,et al.Electrochemical deposition of self–supported bifunctional copper oxide electrocatalyst for methanol oxidation and oxygen evolution reaction[J].Journal of industrial & engineering chemistry,2019,76:515–523.

[56]　ZHANG J J,ZHANG D M,CUI C,et al.A three–dimensional porous Co–P alloy supported on a copper foam as a new catalyst for sodium borohydride electrooxidation[J].Dalton transactions, 2019,48(35):13248–13259.

[57]　RAY C,LEE S C,JIN B J,et al.Conceptual design of three– dimensional CoN/Ni$_3$N–coupled nanograsses integrated on N–doped carbon to serve as efficient and robust water splitting electrocatalysts[J].Journal of materials chemistry a,2018,6(10):4466–4476.

[58]　LI B,SONG C,RONG J,et al.A new catalyst for urea oxidation:NiCo$_2$S$_4$ nanowires modified 3D carbon sponge[J].Journal of energy chemistry,2020,50:195–205.

[59]　NITANI H,NAKAGAWA T,DAIMON H,et al.Methanol oxidation catalysis and substructure of PtRu bimetallic nanoparticles[J]. Applied catalysis a,2007,326(2):194–201.

[60]　BHADRA S,KHASTGIR D,SINGHA N K,et al.Progress in preparation,processing and applications of polyaniline[J].Progress in polymer science,2009,34(8):783–810.

[61]　李湾湾.高强度聚苯胺导电水凝胶的设计及其在柔性超级电容器中的应用[D].合肥: 中国科学技术大学,2018.

[62]　ZHENG Y Y,YANG J,LU X B,et al.Boosting both electrocatalytic activity and durability of metal aerogels via intrinsic hierarchical

porosity and continuous conductive network backbone preservation[J].Advanced energy materials,2020,11(5):1-11.

[63]　LIU Y,LI Z,XU S,et al.Synthesis of Pt-Ni(trace)/GNs composite and its bi-functional electrocatalytic properties for MOR and ORR[J].Journal of colloid and interface science,2019,554:640-649.

[64]　刘振海,徐国华,张洪林,等.热分析与量热仪及其应用[M].2版.北京:化学工业出版社,2011.

[65]　GONG L Y,YANG Z Y,LI K,et al.Recent development of methanol electrooxidation catalysts for direct methanol fuel cell[J].Journal of energy chemistry,2018,27(6):1618-1628.

[66]　KAKATI N,MAITI J,LEE S H,et al.Anode catalysts for direct methanol fuel cells in acidic media:do we have any alternative for Pt or Pt-Ru?[J].Chemical reviews,2014,114(24):12397-12429.

[67]　HUANG W J,WANG H T,ZHOU J G,et al.Highly active and durable methanol oxidation electrocatalyst based on the synergy of platinum-nickel hydroxide-graphene[J].Nature communications,2015,6:10035.

[68]　SCOFIELD M E,KOENIGSMANN C,WANG L,et al.Tailoring the composition of ultrathin,ternary alloy PtRuFe nanowires for the methanol oxidation reaction and formic acid oxidation reaction[J]. Energy & environmental science,2015,8(1):350-363.

[69]　LIU H,YANG D W,BAO Y F,et al.One-step efficiently coupling ultrafine Pt-Ni$_2$P nanoparticles as robust catalysts for methanol and ethanol electro-oxidation in fuel cells reaction[J].Journal of power sources,2019,434:226754.

[70]　SUN Y,ZHOU Y J,ZHU C,et al.Synergistic Cu@CoOx core-cage structure on carbon layers as highly active and durable

electrocatalysts for methanol oxidation[J].Applied catalysis b,2019,244:795–801.

[71] QIN C L,FAN A X,ZHANG X,et al.The in situ etching assisted synthesis of Pt–Fe–Mn ternary alloys with high–index facets as efficient catalysts for electro–oxidation reactions[J].Nanoscale, 2019,11(18):9061–9075.

[72] WANG H J,WU Y,LUO X,et al.Ternary PtRuCu aerogels for enhanced methanol electrooxidation[J].Nanoscale, 2019,11(22):10575–10580.

[73] CAO H Z,FAN Z T,HOU G Y,et al.Ball–flower–shaped Ni nanoparticles on Cu modified TiO_2 nanotube arrays for electrocatalytic oxidation of methanol[J].Electrochimica acta,2014,125(14):275–281.

[74] ABDEL H R M,EL–SHERIF R M.Microwave irradiated nickel nanoparticles on Vulcan XC–72R carbon black for methanol oxidation reaction in KOH solution[J].Applied catalysis b,2015,162:217–226.

[75] QIAN X,HANG T,SHANMUGAM S,et al.Decoration of micro–/ nanoscale noble metal particles on 3D porous nickel using electrodeposition technique as electrocatalyst for hydrogen evolution reaction in alkaline electrolyte[J].ACS applied materials and interfaces,2015,7(29):15716–15725.

[76] TONG X L,QIN Y,GUO X Y,et al.Enhanced catalytic activity for methanol electro–oxidation of uniformly dispersed nickel oxide nanoparticles–carbon nanotube hybrid materials[J]. Small,2012,8(22):3390–3395.

[77] GU L,QIAN L,LEI Y,et al.Microwave–assisted synthesis of

nanosphere–like $NiCo_2O_4$ consisting of porous nanosheets and its application in electro–catalytic oxidation of methanol[J].Journal of power sources,2014,261:317–323.

[78] QIAN L,GU L,YANG L,et al.Direct growth of $NiCo_2O_4$ nanostructures on conductive substrates with enhanced electrocatalytic activity and stability for methanol oxidation[J]. Nanoscale,2013,5(16):7388–7396.

[79] DANAEE I,JAFARIAN M,MIRZAPOOR A,et al.Electrooxidation of methanol on NiMn alloy modified graphite electrode[J]. Electrochimica acta,2010,55(6):2093–2100.

[80] CUI X,GUO W L,ZHOU M,et al.Promoting effect of Co in $Ni_mCo_n(m+n=4)$ bimetallic electrocatalysts for methanol oxidation reaction[J].ACS Applied materials and interfaces,2015,7(1):493–503.

[81] DONG B,LI W,HUANG X X,et al.Fabrication of hierarchical hollow Mn doped $Ni(OH)_2$ nanostructures with enhanced catalytic activity towards electrochemical oxidation of methanol[J].Nano energy,2019,55:37–41.

[82] YANG W L,YANG X P,JIA J,et al.Oxygen vacancies confined in ultrathin nickel oxide nanosheets for enhanced electrocatalytic methanol oxidation[J].Applied catalysis b,2019,244:1096–1102.

[83] WU D F,ZHANG W,CHENG D J.Facile synthesis of Cu/NiCu electrocatalysts integrating alloy,core–shell,and one–dimensional structures for efficient methanol oxidation reaction[J].ACS applied materials and interfaces,2017,9(23):19843–19851.

[84] CANDELARIA S L,BEDFORD N M,WOEHL T J,et al.Multi–component Fe–Ni hydroxide nanocatalyst for oxygen evolution

and methanol oxidation reactions under alkaline conditions[J].ACS catalysis,2017,7(1):365-379.

[85] BARAKAT N A M,YASSIN M A,AL-MUBADDEL F S,et al.New electrooxidation characteristic for Ni-based electrodes for wide application in methanol fuel cells[J].Applied catalysis a-general,2018,555:148-154.

[86] LI J S,LUO Z S,ZUO Y,et al.NiSn bimetallic nanoparticles as stable electrocatalysts for methanol oxidation reaction[J].Applied catalysis b,2018,234:10-18.

[87] SIVANANTHAM A,GANESAN P,SHANMUGAM S.A synergistic effect of Co and CeO$_2$ in nitrogen-doped carbon nanostructure for the enhanced oxygen electrode activity and stability[J].Applied catalysis b,2018,237:1148-1159.

[88] WANG T J,HUANG H,WU X R,et al.Self-template synthesis of defect-rich NiO nanotubes as efficient electrocatalysts for methanol oxidation reaction[J].Nanoscale,2019,11(42):19783-19790.

[89] ZHANG X,ZHU J X,TIWARY C S,et al.Palladium nanoparticles supported on nitrogen and sulfur dual-doped graphene as highly active electrocatalysts for formic acid and methanol oxidation[J]. ACS applied materials and interfaces,2016,8(17):10858-10865.

[90] LI W W,GAO F X,WANG X Q,et al.Strong and robust polyaniline-based supramolecular hydrogels for flexible supercapacitors[J]. Angewandte chemie,2016,55(32):9196-9201.

[91] LIU B R,ZHANG L,XIONG W L,et al.Cobalt-nanocrystal-assembled hollow nanoparticles for electrocatalytic hydrogen generation from neutral-pH water[J].Angewandte chemie international edition,2016,55(23):6725-6729.

[92] LIU B R,ROSE A,ZHANG N,et al. Efficient Co–nanocrystal–based catalyst for hydrogen generation from borohydride[J].Journal of physical chemistry c,2017,121(23):12610–12616.

[93] ZHANG L,LIU B R,ZHANG N,et al.Electrosynthesis of Co_3O_4 and $Co(OH)_2$ ultrathin nanosheet arrays for efficient electrocatalytic water splitting in alkaline and neutral media[J]. Nano research,2018,11(1):323–333.

[94] LIU B R,ZHANG N,MA M M.Cobalt–based nanosheet arrays as efficient electrocatalysts for overall water splitting[J].Journal of materials chemistry a,2017,5(33):17640–17646.

[95] ABDULLAH M I,HAMEED A,ZHANG N,et al.Nickel nanocrystal assemblies as efficient electrocatalysts for hydrogen evolution from pH–neutral aqueous solution[J].ChemElectroChem, 2019,6(7):2100–2106.

[96] DUBEY P,KAURAV N,DEVAN R S,et al.The effect of stoichiometry on the structural,thermal and electronic properties of thermally decomposed nickel oxide[J].RSC advances,2018,8(11):5882–5890.

[97] SHI R,ZHANG Y Y,WANG Z H.Facile synthesis of a $ZnCo_2O_4$ electrocatalyst with three–dimensional architecture for methanol oxidation[J].Journal of alloys & compounds,2019,810:151879.

[98] ZHU H,WANG J T,LIU X L,et al.Three–dimensional porous graphene supported Ni nanoparticles with enhanced catalytic performance for methanol electrooxidation[J].International journal of hydrogen energy,2017,42(16):11206–11214.

[99] CHEN D J,TONG Y J.Irrelevance of carbon monoxide poisoning in the methanol oxidation reaction on a PtRu electrocatalyst[J].

Angewandte chemie,2015,54(32):9394–9398.

[100] GU Z X,NAN H H,GENG B Y,et al.Three–dimensional NiCo$_2$O$_4$@ NiMoO$_4$ core/shell nanowires for electrochemical energy storage[J]. Journal of materials chemistry a,2015,3(22):12069–12075.

[101] ROLLINSON A N,JONES J,DUPONT V,et al.Urea as a hydrogen carrier:a perspective on its potential for safe,sustainable and long–term energy supply[J].Energy & environmental science,2011,4(4):1216–1224.

[102] SAGGAR S,SINGH J,GILTRAP D L,et al.Quantification of reductions in ammonia emissions from fertiliser urea and animal urine in grazed pastures with urease inhibitors for agriculture inventory:New Zealand as a case study[J].Science of the total environment,2013,465:136–146.

[103] BARMAKI M M,RAHIMPOUR M R,JAHANMIRI A.Treatment of wastewater polluted with urea by counter–current thermal hydrolysis in an industrial urea plant[J].Separation and purification technology,2009,66(3):492–503.

[104] SIMKA W,PIOTROWSKI J,NAWRAT G.Influence of anode material on electrochemical decomposition of urea[J]. Electrochimica acta,2008,52(18):5696–5703.

[105] KAKATI N,MAITI J,LEE K S,et al.Hollow sodium nickel fluoride nanocubes deposited MWCNT as an efficient electrocatalyst for urea oxidation[J].Electrochimica acta,2017,240(17):175–185.

[106] VEDHARATHINAM V,BOTTE G G.Understanding the electro– catalytic oxidation mechanism of urea on nickel electrodes in alkaline medium[J].Electrochimica acta,2012,81:292–300.

[107] MOHAMED I M A,KANAGARAJ P,YASIN A S,et

al.Electrochemical impedance investigation of urea oxidation in alkaline media based on electrospun nanofibers towards the technology of direct–urea fuel cells[J].Journal of alloys & compounds,2020,816:152513.

[108] ZHAN S H,ZHOU Z R,LIU M M,et al.3D NiO nanowalls grown on Ni foam for highly efficient electro–oxidation of urea[J].Catalysis today,2019,327:398–404.

[109] XU W,WU Z C,TAO S W.Urea–based fuel cells and electrocatalysts for urea oxidation[J].Energy technology,2016,4(11):1329–1337.

[110] TSANG C H A,HUI K N,HUI K S.Influence of Pd_1Pt_x alloy NPs on graphene aerogel/nickel foam as binder–free anodic electrode for electrocatalytic ethanol oxidation reaction[J].Journal of power sources,2019,413:98–106.

[111] YE K,WANG G,CAO D X,et al.Recent advances in the electro-oxidation of urea for direct urea fuel cell and urea electrolysis[J]. Topics in current chemistry,2018,376(6):42.

[112] LIU Q,XIE L S,QU F L,et al.A porous Ni_3N nanosheet array as a high–performance non–noble–metal catalyst for urea–assisted electrochemical hydrogen production[J].Inorganic chemistry frontiers,2017,4(7):1120–1124.

[113] LIU D N,LIU T T,ZHANG L X,et al.High–performance urea electrolysis towards less energy–intensive electrochemical hydrogen production using a bifunctional catalyst electrode[J]. Journal of materials chemistry a,2017,5(7):3208–3213.

[114] SHA L N,YE K,WANG G,et al.Hierarchical $NiCo_2O_4$ nanowire array supported on Ni foam for efficient urea electrooxidation in alkaline medium[J].Journal of power sources,2019,412:265–271.

[115] GUO F,CHENG K,YE K,et al.Preparation of nickel–cobalt nanowire arrays anode electro–catalyst and its application in direct urea/hydrogen peroxide fuel cell[J].Electrochimica acta,2016,199:290–296.

[116] BULUSHEV D A,ZACHARSKA M,SHLYAKHOVA E V,et al.Single isolated Pd^{2+} cations supported on N–doped carbon as active sites for hydrogen production from formic acid decomposition[J].ACS catalysis,2016,6(2):681–691.

[117] HE G J,QIAO M,LI W Y,et al.S,N–Co–doped graphene–nickel cobalt sulfide aerogel:improved energy storage and electrocatalytic performance[J].Advanced science,2017,4(1):1600214.

[118] KOU Z K,GUO B B,HE D P,et al.Transforming two–dimensional boron carbide into boron and chlorine dual–doped carbon nanotubes by chlorination for efficient oxygen reduction[J].ACS energy letters,2018,3(1):184–190.

[119] CHETTY R,KUNDU S,XIA W,et al.PtRu nanoparticles supported on nitrogen–doped multiwalled carbon nanotubes as catalyst for methanol electrooxidation[J].Electrochimica acta,2009,54(17):4208–4215.

[120] WU N,ZHAI M X,CHEN F,et al.Nickel nanocrystal/nitrogen–doped carbon composites as efficient and carbon monoxide–resistant electrocatalysts for methanol oxidation reactions[J].Nanoscale,2020,12(42):21687–21694.

[121] LI W W,LU H,ZHANG N,et al.Enhancing the properties of conductive polymer hydrogels by freeze–thaw cycles for high–performance flexible supercapacitors[J].ACS applied materials & interfaces,2017,9(23):20142–20149.

[122] YASIN A S,JEONG J,MOHAMED I M A,et al.Fabrication of N–doped & SnO_2–incorporated activated carbon to enhance desalination and bio–decontamination performance for capacitive deionization[J].Journal of alloys & compounds,2017,729:764–775.

[123] RUDNEVA Y V,SHUBIN Y V,PLYUSNIN P E,et al.Preparation of highly dispersed $Ni_1–xPd_x$ alloys for the decomposition of chlorinated hydrocarbons[J].Journal of alloys & compounds,2019,782:716–722.

[124] LU C,WANG D X,ZHAO J J,et al.A continuous carbon nitride polyhedron assembly for high–performance flexible supercapacitors[J].Advanced functional materials,2017,27(8):1606219.

[125] WANG P C,ZHOU Y K,HU M,et al.Well–dispersed NiO nanoparticles supported on nitrogen–doped carbon nanotube for methanol electrocatalytic oxidation in alkaline media[J].Applied surface science,2017,392:562–571.

[126] TAO H B,FANG L W,CHEN J Z,et al.Identification of surface reactivity descriptor for transition metal oxides in oxygen evolution reaction[J].Journal of the American chemical society,2016,138(31):9978–9985.

[127] LIU T T,LI M,JIAO C L,et al.Design and synthesis of integrally structured Ni_3N nanosheets/carbon microfibers/Ni_3N nanosheets for efficient full water splitting catalysis[J].Journal of materials chemistry a,2017,5(19):9377–9390.

[128] ZHU T T,ZHOU J,LI Z H,et al.Hierarchical porous and N–doped carbon nanotubes derived from polyaniline for electrode materials in supercapacitors[J].Journal of materials chemistry a,2014,2(31):12545–12551.

[129] LEI C S,ZHOU W,FENG Q G,et al.Charge engineering of Mo$_2$C@defect–rich N–doped carbon nanosheets for efficient electrocatalytic H$_2$ evolution[J].Nano–Micro letters,2019,11(1):45.

[130] WU X Q,ZHAO J,WU Y P,et al.Ultrafine Pt nanoparticles and amorphous nickel supported on 3D mesoporous carbon derived from Cu–metal–organic framework for efficient methanol oxidation and nitrophenol reduction[J].ACS applied materials and interfaces, 2018,10(15):12740–12749.

[131] CUI X,XIAO P,WANG J,et al.Highly branched metal alloy networks with superior activities for the methanol oxidation reaction[J].Angewandte chemie–international edition,2017,56(16):4488–4493.

[132] ANU P M U,SRIVASTAVA R.Synthesis of NiCo$_2$O$_4$ and its application in the electrocatalytic oxidation of methanol[J].Nano Energy,2013,2(5):1046–1053.

[133] ZHANG J,MA L,GAN M Y,et al.TiN@nitrogen–doped carbon supported Pt nanoparticles as high–performance anode catalyst for methanol electrooxidation[J].Journal of power sources,2016,324(4):199–207.

[134] LI Q,LI N,AN J,et al.Controllable synthesis of a mesoporous NiO/Ni nanorod as an excellent catalyst for urea electro–oxidation[J]. Inorganic chemistry frontiers,2020,7(10):2089–2096.

[135] WANG L,REN L T,WANG X R,et al.Multivariate MOF–templated pomegranate–like Ni/C as efficient bifunctional electrocatalyst for hydrogen evolution and urea oxidation[J].ACS applied materials and interfaces,2018,10(5):4750–4756.

[136] MEGUERDICHIAN A G,JAFARI T,SHAKIL M R,et al.Synthesis

and electrocatalytic activity of ammonium nickel phosphate, [NH₄]NiPO₄·6H₂O,and beta−nickel pyrophosphate,beta− Ni₂P₂O₇:catalysts for electrocatalytic decomposition of urea[J]. Inorganic chemistry,2018,57(4):1815−1823.

[137] URBAŃCZYK E,MACIEJ A,STOLARCZYK A,et al.The electrocatalytic oxidation of urea on nickel−graphene and nickel−graphene oxide composite electrodes[J].Electrochimica acta,2019,305:256−263.

[138] DING Y,LI Y,XUE Y Y,et al.Atomically thick Ni(OH)₂ nanomeshes for urea electrooxidation[J].Nanoscale, 2019,11(3):1058−1064.

[139] WANG S L,XU P X,TIAN J Q,et al.Phase structure tuning of graphene supported Ni−NiO nanoparticles for enhanced urea oxidation performance[J].Electrochimica acta,2021,370:137755.

[140] LIU Y,FENG Q G,LIU W,et al.Boosting interfacial charge transfer for alkaline hydrogen evolution via rational interior Se modification[J].Nano energy,2021,81:105641.

[141] WANG Q C,YE K,XU L,et al.Carbon nanotube−encapsulated cobalt for oxygen reduction:integration of space confinement and N−doping[J].Chemical communications,2019,55(98):14801−14804.

[142] WANG Y C,LIU B,LIU Y,et al.Accelerating charge transfer to enhance H₂ evolution of defect−rich CoFe₂O₄ by constructing a schottky junction[J].Chemical communications, 2020,56(90):14019−14022.

[143] CHEN D Y,MINTEER S D.Mechanistic study of nickel based catalysts for oxygen evolution and methanol oxidation in alkaline medium[J].Journal of power sources,2015,284:27−37.

[144] LI J S,LUO Z S,HE F,et al.Colloidal Ni−Co−Sn nanoparticles as

efficient electrocatalysts for the methanol oxidation reaction[J]. Journal of materials chemistry a,2018,6(45):22915–22924.

[145] LI J S,ZUO Y,LIU J F,et al.Superior methanol electrooxidation performance of(110)–faceted nickel polyhedral nanocrystals[J]. Journal of materials chemistry a,2019,7(38):22036–22043.

[146] XIONG J,LI J,SHI J W,et al.In situ engineering of double–phase interface in Mo/Mo$_2$C heteronanosheets for boosted hydrogen evolution reaction[J].ACS energy letters,2018,3(2):341–348.

[147] LUO F,ZHANG Q,YU X X,et al.Palladium phosphide as a stable and efficient electrocatalyst for overall water splitting [J].Angewandte chemie international edition, 2018,57(45): 14862–14867.

[148] FENG J T,HE Y F,LIU Y N,et al.Supported catalysts based on layered double hydroxides for catalytic oxidation and hydrogenation:general functionality and promising application prospects[J].Chemical society reviews,2015,44(15):5291–5319.

[149] LV L,LI Z S,WAN H Z,et al.Achieving low–energy consumption water–to–hydrogen conversion via urea electrolysis over a bifunctional electrode of hierarchical cuprous sulfide@ nickel selenide nanoarrays[J].Journal of colloid and interface science,2021,592:13–21.

[150] LYU F L,CAO M H,MAHSUD A,et al.Interfacial engineering of noble metals for electrocatalytic methanol and ethanol oxidation[J]. Journal of materials chemistry a,2020,8(31):15445–15457.

[151] XIONG Y,DONG J C,HUANG Z Q,et al.Single–atom Rh/N–doped carbon electrocatalyst for formic acid oxidation[J].Nature nano– technology,2020,15(5):390–397.

[152] HWANG H,HONG S,KIM D H,et al.Optimistic performance of carbon-free hydrazine fuel cells based on controlled electrode structure and water management[J].Journal of energy chemistry,2020,51:175-181.

[153] SONG M,ZHANG Z J,LI Q W,et al.Ni-foam supported Co(OH)F and Co-P nanoarrays for energy-efficient hydrogen production via urea electrolysis[J].Journal of materials chemistry a,2019,7(8):3697-3703.

[154] KARUPPASAMY L,LEE G J,ANANDAN S,et al.Synthesis of shape-controlled Pd nanocrystals on carbon nanospheres and electrocatalytic oxidation performance for ethanol and ethylene glycol[J].Applied surface science,2020,519:146266.

[155] TRAN M H,PARK B J,YOON H H.A highly active Ni-based anode material for urea electrocatalysis by a modified sol-gel method[J]. Journal of colloid and interface science,2020,578:641-649.

[156] MUNDE A V,MULIK B B,CHAVAN P P,et al.Enhanced electrocatalytic activity towards urea oxidation on Ni nanoparticle decorated graphene oxide nanocomposite[J].Electrochimica acta,2020,349:136386.

[157] LI R Q,LI S X,LU M J,et al.Energy-efficient hydrogen production over a high-performance bifunctional NiMo-based nanorods electrode[J].Journal of colloid & interface science,2020,571:48-54.

[158] WU M S,CHEN F Y,LAI Y H,et al.Electrocatalytic oxidation of urea in alkaline solution using nickel/nickel oxide nanoparticles derived from nickel-organic framework[J].Electrochimica acta,2017,258:167-174.

[159] YE K,ZHANG D M,GUO F,et al.Highly porous nickel@carbon

sponge as a novel type of three–dimensional anode with low cost for high catalytic performance of urea electro–oxidation in alkaline medium[J].Journal of power sources,2015,283:408–415.

[160] BABAR P,LOKHANDE A,KARADE V,et al.Trifunctional layered electrodeposited nickel iron hydroxide electrocatalyst with enhanced performance towards the oxidation of water,urea and hydrazine[J].Journal of colloid & interface science,2019,557:10–17.

[161] ABDEL H R M,MEDANY S S.NiO nanoparticles on graphene nanosheets at different calcination temperatures as effective electrocatalysts for urea electro–oxidation in alkaline medium[J]. Journal of colloid & interface science,2017,508:291–302.

[162] SAYED E T,EISA T,MOHAMED H O,et al.Direct urea fuel cells:challenges and opportunities[J].Journal of power sources,2019,417:159–175.

[163] LIANG Y H,LIU Q,ASIRI A M,et al.Enhanced electrooxidation of urea using $NiMoO_4 \cdot xH_2O$ nanosheet arrays on Ni foam as anode[J]. Electrochimica acta,2015,153:456–460.

[164] WANG S L,YANG X D,LIU Z,et al. Efficient nanointerface hybridization in a nickel/cobalt oxide nanorod bundle structure for urea electrolysis[J].Nanoscale,2020,12(19):10827–10833.

[165] LU H,LI Y H,CHEN Q,et al.Semicrystalline conductive hydrogels for high–energy and stable flexible supercapacitors[J].ACS applied energy materials,2019,2(11):8163–8172.

[166] GENG X M,SUN W W,WU W,et al.Pure and stable metallic phase molybdenum disulfide nanosheets for hydrogen evolution reaction[J].Nature communications,2016,7:10672.

[167] YANG N,TANG C,WANG K Y,et al.Iron–doped nickel disulfide

nanoarray:a highly efficient and stable electrocatalyst for water splitting[J].Nano research,2016,9(11):3346–3354.

[168] LU H,ZHANG N,MA M M.Electroconductive hydrogels for biomedical applications[J].Wires:nanomedicine & nanobiotechnology, 2019,11(6):e1568.

[169] ANOTHUMAKKOOL B,BHANGE S,SONI R,et al.Novel scalable synthesis of highly conducting and robust PEDOT paper for a high performance flexible solid supercapacitor[J].Energy & environmental science,2015,8(4):1339–1347.

[170] TANG B,LV Y,DU J N,et al.MoS$_2$–Coated Ni$_3$S$_2$ nanorods with exposed{110}high–index facets as excellent CO–tolerant cocatalysts for Pt:ultradurable catalytic activity for methanol oxidation[J].ACS sustainable chemistry and engineering,2019,7(13):11101–11109.

[171] LIU Q H,HUO J,MA Z L,et al.In–situ formation of Ni$_3$S$_2$ interlayer between MoS$_2$ and Ni foam for high–rate and highly–durable lithium ion batteries[J].Electrochimica acta,2016,206:52–60.

[172] ZHOU W J,CAO X H,ZENG Z Y,et al.One–step synthesis of Ni$_3$S$_2$ nanorod@Ni(OH)$_2$ nanosheet core–shell nanostructures on a three–dimensional graphene network for high–performance supercapacitors[J].Energy & environmental science,2013,6(7):2216–2221.

[173] WU F M,GAO J P,ZHAI X G,et al.Hierarchical porous carbon microrods derived from albizia flowers for high performance supercapacitors[J].Carbon,2019,147:242–251.

[174] LIU Z,TIAN D,SHEN F,et al.Valorization of composting leachate for preparing carbon material to achieve high electrochemical performances for supercapacitor electrode[J].Journal of power

sources,2020,458:228057.

[175] YU X,PEI C G,FENG L G.Surface modulated hierarchical graphene film via sulfur and phosphorus dual–doping for high performance flexible supercapacitors[J].Chinese chemical letters,2019,30(5):1121–1125.

[176] ZHU J,TANG S C,WU J,et al.Wearable high–performance supercapacitors based on silver–sputtered textiles with $FeCo_2S_4$–$NiCo_2S_4$ composite nanotube–built multitripod architectures as advanced flexible electrodes[J].Advanced energy materials,2017,7(2):1601234.

[177] WANG L,CAO J H,LEI C J,et al.Strongly coupled 3D N–doped MoO_2/Ni_3S_2 hybrid for high current density hydrogen evolution electrocatalysis and biomass upgrading[J].ACS applied materials and interfaces,2019,11(31):27743–27750.

[178] ZHANG Q,KAZIM F M D,MA S X,et al.Nitrogen dopants in nickel nanoparticles embedded carbon nanotubes promote overall urea oxidation[J].Applied catalysis b,2021,280:119436.

[179] SONG C Y,YIN X Z,LI B P,et al.Facile synthesis and catalytic performance of Co_3O_4 nanosheets in situ formed on reduced graphene oxide modified Ni foam[J].Dalton transactions, 2017,46(40):13845–13853.

[180] DARAMOLA D A,SINGH D,BOTTE G G.Dissociation rates of urea in the presence of NiOOH catalyst:a DFT analysis[J].Journal of physical chemistry a,2010,114(43):11513–11521.